早稲田大学人間総合研究センター 監修
ヒューマンサイエンスシリーズ 1

性を司る脳とホルモン

山内 兄人
新井 康允 編著

コロナ社

編著者

山内　兄人（早稲田大学）
新井　康允（人間総合科学大学）

著者一覧（執筆順）

1章
山内　兄人（早稲田大学）
佐藤　元康（東京大学）
佐久間康夫（日本医科大学）
近藤　保彦（日本医科大学）

2章
新井　康允（人間総合科学大学）
守　　隆夫（東京大学）
宮川　桃子（順天堂大学）
山内　兄人（早稲田大学）
林　　縝治（横浜市立大学）
松本　　明（順天堂大学）
村上志津子（順天堂大学）

3章
佐藤　嘉一（札幌医科大学）
塚本　泰司（札幌医科大学）
武内　裕之（順天堂大学）
森　　泰美（長谷川病院）

（所属は編集当時のものによる）

刊行のことば

二十世紀は物の開発に主力が注がれた結果、確かにわれわれの生活は物の面では豊かになった。反面、心の問題が忘れられており、多くの問題が露出しだしている。二十一世紀は物の豊かさよりも心の豊かさが重要視されるであろう。

早稲田大学人間総合研究センターは「テクノ社会における人間発達」を目的として、一九八七年に設立された。現在十のプロジェクトがあり、人間にかかわる重要な課題に対して研究を行っている。兼任研究員、客員研究員および助手とによって構成されており、それぞれの研究成果は従来から機関誌「ヒューマン サイエンス」に発表されている。しかし、これらは研究者を対象としており、しかも一般には入手しにくい。

大学の研究所の重要な使命の一つとして、研究成果を広く社会に還元することがある。現在までに講座およびシンポジウムなどによる方法はとられてきたが、両者とも限られた人々にのみ成果が伝わることになってしまう。したがって、本シリーズによって今回広く世に公開して諸兄のご批判も仰ぐこととした。

本シリーズは、早稲田大学人間総合研究センターにおける研究プロジェクトがこれまで行ってきた研究成果をもとに、分野外の人が興味をもつテーマについて理解しやすいように配慮して書かれている。研究プロジェクトはそれぞれ独立しているので、必ずしも各巻の間の関係はなく、したがって、執筆が完了したものから順次編集を行うことにしてある。本の文体なども統一されていないが、それぞれで完結しているもの、あるいは複数の巻としてまとめてあるものも含まれている。特にヒューマンサイエンスに連載された「人間科学を考える」の記事をまとめたものは、各分野から人間科学をどのように考えるかについての論説である。人間科学の定義があいまいである現在、分野によって異なる見方があることを知るうえで興味深いものといえよう。読者諸兄のお考えとは必ずしも合わない点もあるかと予想されるが、多くの見方があっても当然であろう。

縦書きにしてあるが、内容は専門を対象としたものと同様であり、高いレベルが維持されている。本書が読者の知的好奇心を高めることができれば、私どもも幸いである。なお、理解しにくい点などについては、遠慮なく著者または当研究センターにお問い合わせくだされば幸甚である。

最後に、本シリーズの発刊を快く引き受けてくださったコロナ社にお礼申し上げる。

二〇〇〇年九月

早稲田大学人間総合研究センター
所長　内山　明彦

まえがき

地球上の動物の多くには、雌と雄の二つの性があり、それぞれ異なった個体にその機能が備わっている。ある種の動物は、子供を残す機能がその個体が生きる機能よりも優先されているようにみえることがある。たとえば、子供を残すと死にいたる動物で、彼らの生は子孫を残すことに終わる。種としては、子孫を残すための性の機能が優先されなければ、滅びるのである。しかし、多くの哺《ほ》乳類では、子供を残す性行動よりも、敵から逃げる逃避行動や相手から身を守る攻撃行動が、優先的に生じるからだのメカニズムをもっている。動物のからだに障害が生じると、生殖機能から衰えていく。個体として生きることの機能が性の機能より優先されるのである。ヒトでも同様であるが、ヒトでは性の行動が生殖から離れていきつつある。それは、子供を残す機能に快感の報奨メカニズムが脳に備わってきたところにある。一人歩きしている快楽の部分はヒトの社会環境に多くの影響を与えている。社会の構造の成り立ちの根底に子どもを残す「性」が大きく影響をしていることは、あらためて指摘することでもないであろう。また、男女のコミュニケーションのありかたは時代により変わっていくにしても、「脳における性機能」に根ざすところは大きいのである。

脳の発達に伴ったヒトの性の特殊性を考えるには、多くの学問領域からのアプローチが必要である。性はいうなれば人間科学領域における大きなテーマといえよう。そのようなことで、早稲田大学人間総合研究センターに、生命科学医科学を中心とした「性と生殖」研究プロジェクトを一九九三年に発足させ、一九九七年には「性」として、心理学や社会民族学を加えた総合プロジェクトに発展させた。現在では、プロジェクトにおける生命科学研究が、日本私立学校振興・共催事業団学術振興資金および文部省「学術フロンティア推進事業」により支援されている。

本書は、性機能とその性分化が脳とホルモンによりどのように制御されているか、プロジェクト研究員の所属している大学・研究所で行われている生命医学研究結果を中心として、それぞれの研究者が解説したものである。早稲田大学人間科学部人間基礎科学科、順天堂大学医学部第二解剖学教室と産婦人科学教室、日本医科大学第一生理学教室、東京大学理学部生物学科、東京都神経総合科学研究所解剖発生学教室、札幌医科大学泌尿器科学教室における先端の基礎的・臨床医学的研究を、人間総合研究センター十周年記念出版の第一冊として紹介できることはたいへん幸せなことである。

二〇〇一年一月

編　者

目　次

3　ヒトの性機能

1 性　行　動

〔1〕はじめに

動物たちが子供を残すには、配偶子（精子と卵子）の生産と、その出会いを可能にする交尾が必要になる。どのような動物でも、交尾の際の行動は神経によって制御されているが、脊椎《せきつい》動物になると、それに、生殖腺《せん》ホルモン（性ホルモン）が重要な働きをもつようになる。昆虫では行動に必要な筋を司《つかさど》る神経細胞の遺伝子の働きにより性行動が開始され、体内の液性の情報は強く関与していない。脊椎動物、特に哺乳類では、血液中の性ホルモンが性行動を司る神経細胞に働くことで、性行動が可能になる。すなわち、発情状態になる。性ホルモンは精巣や卵巣で分泌されるアンドロゲンやエストロゲンなどである。これらのホルモンが繁殖の時期に分泌されるメカニズムが体内にあり、それにより発情状態が誘起されるのである。

魚類、両生類、爬虫《はちゅう》類、鳥類の性行動パターンそのものには大きな違いがあり、かかわってくるホルモンにも違いがある。哺乳類においても、種により性行動パターンに違いがあるが、四つ足動物としての基本的な交尾の行動パターンには大きな違いはない。哺乳類における性行動を司どる神経機構は、種によっても違いが少ないと想像できるが、それにかかわる性ホルモンの量や嗅《きゅう》覚などの感覚器のかかわりかたには異なった部分もあるであろう。

しかし、哺乳類の脳と脊髄の基本的な構造と機能は同じといってよく、実験動物であるラットの解析結果を、種の特異性を考慮したうえで、他の哺乳類に適用させることは可能である。といっても高等霊長類、特にヒトにおいては、性的行為がホルモンに単純に依存しているのではなく、むしろ、ヒトとしての特徴である大脳皮質の「意識、考える」機能に依存している部分が大きいことから、ラットの性行動の制御機構がそのまま当てはまるわけではない。一方で、ヒトでも性ホルモンの有無が性的モチベーションを左右することは確かである。その点は、性ホルモンが性行動を促進するラットの脳のメカニズムに類似する機構が存在すると考えることもできる。

雌哺乳類では動物により発情周期をもち、排卵が自動的に生じる。ヒトやラットなどは通年にわたり排卵周期がある。ヒトは二十八日から三十日、モルモットは十六日である。ラットやマウスの性周期は四日であり、哺乳類のなかでは最も短い。一方で、交尾による刺激で排卵が生じるネコやウサギには性周期がなく、繁殖期になるとその時期はいつでも雄を受け入れる。すなわち、発情状態が持続することになる。ラットやモルモットは周期的な排卵の前後のみ雄を受け入れ、周期的に発情状態になる。

ラットでは排卵前日の午前中に成熟卵胞から分泌されるエストラディオールが増加し、血中濃度は八〇pg/ml血漿《けっしょう》ほどになる。増加したエストロゲンは視索前野に働いて生殖腺刺激ホルモン放出ホルモン（GnRH）分泌の引き金を引く。排卵前日の午後にGnRHのサージが生じ、夕方にその刺激により、下垂体から黄体形成ホルモン（LH）のサージが起こる。その結果、翌日の明け方に排卵がみられる（図1・1）。

排卵前日に増加したエストロゲンは排卵の引き金を引くだけではなく、性行動の発現の準備をすることになる。これが発情状態である。発情している雌ラットは、雄を誘う勧誘行動であるear-wigglingやhoppingを示し、雄にマウントされると、反射的に脊柱を湾曲させる雌特有のロードーシス行動を示す（図1・2）。発情する時間は限られており、排卵前後合せて十二時間ほどである。この時間帯に雌ラットは雄の交尾行動を受け入れ、それ以外は、雄が接しても拒否する。

これらの行動を制御しているのは脳と脊髄に存在している神経機構である。雌ラットでは前脳に性行動を促進する中枢と抑制する中枢が存在しており、エストロゲンはそれらの機構に作用することで発情状態を形成する。特に、視床下部腹内側核の促進機構と、中隔-視索前野の抑制機構が重要な役割をもっている。また、前脳の情報は中脳に発達する指令中枢に伝わる。中脳の中心灰白質や橋の脳室周囲灰白質がそれらの中心となっている。

雄には雌のような発情周期はなく、ラットやヒトなどでは精巣から絶えずアンドロゲンが分泌されている。繁殖期がある動物は、その時期にのみアンドロゲンが分泌され、交尾に必要なからだの

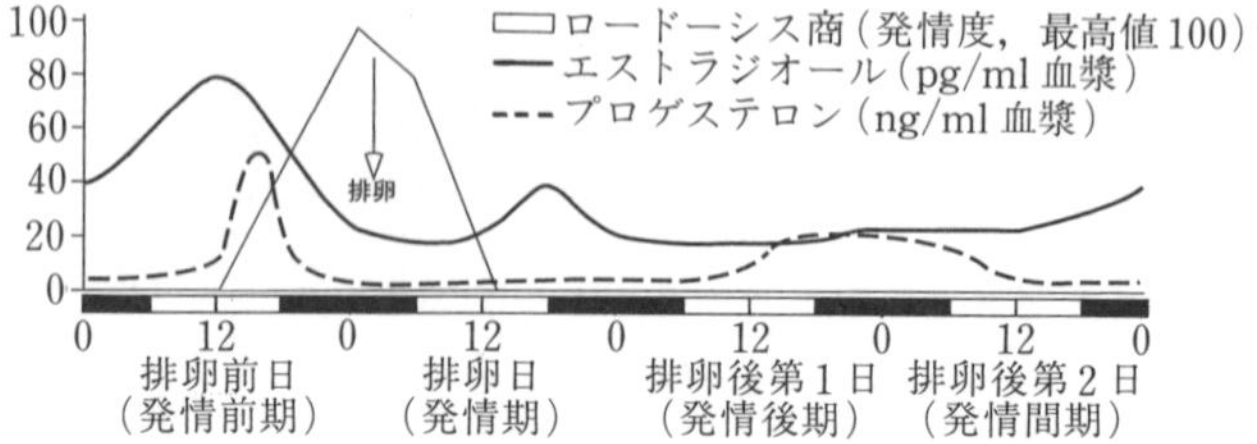

図1.1　雌ラット4日排卵周期における血中性ホルモン量の変化と発情時間

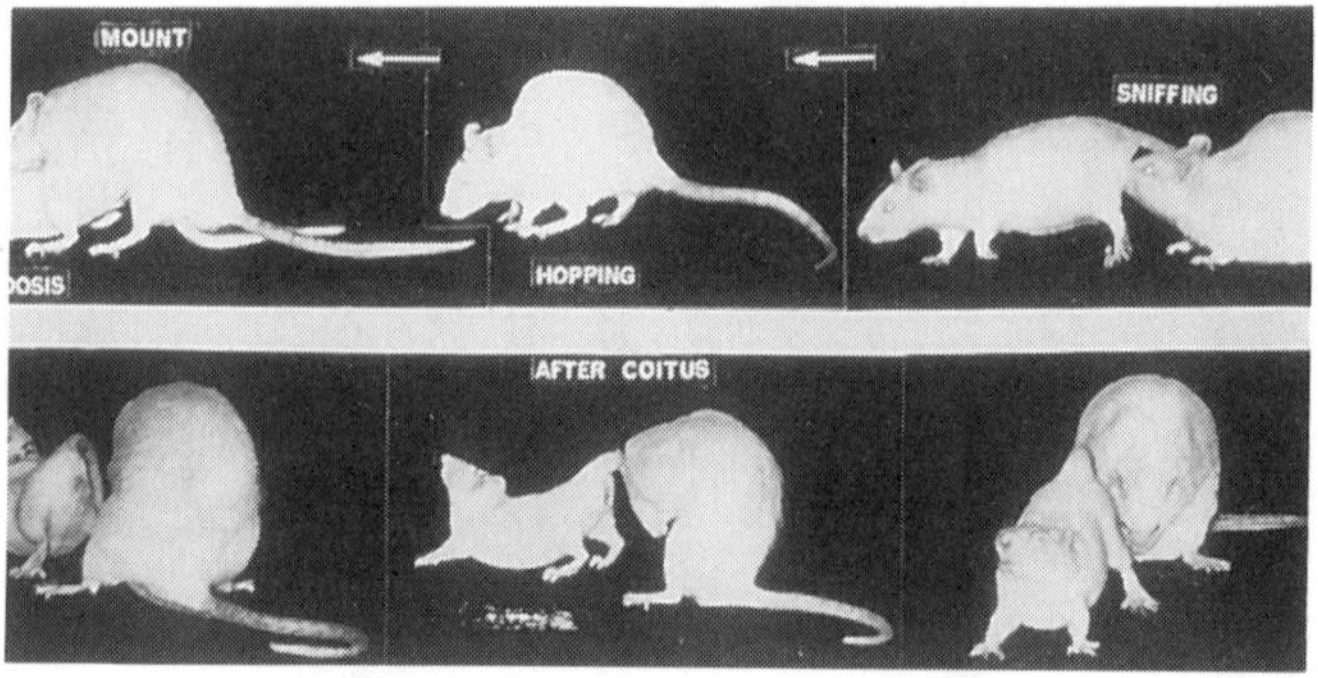

図1.2　ラットの性行動。雌ラットは雄にマウント（乗駕）されると，首と尾を上げ，脊柱を湾曲させるロードーシス行動をする。ロードーシスの強さは，一定回数のマウントにおけるロードーシスの回数の割合を求め，ロードーシス商（lordosis quotient, LQ）として表す。

状態をつくりだす。

アンドロゲンは精細管に働いて精子の形成を促し、前立腺や貯精嚢《のう》の分泌を促すと同時に、脳と脊髄に働いて、性行動を常時誘起可能な状態にしている。したがって、その動物にとって安全な環境下であれば、発情している雌を認めると、すぐに性的行動を開始する。

雄の性行動は雌と比較して能動的である。ラットでは雄は雌の存在に気付くと近寄り、外陰部のにおいをかぎ発情を確認する。雌のにおいは脳のなかの性行動制御機構を働かせ、勧誘行動をしながら逃げる雌を追いかける。雌が止まると馬乗り（マウント）になる。雄ラットはマウントとペニスの挿入（イントロミッション）を繰り返し、射精にいたる。ラットのペニスは直径五ミリメートル、長さ十二から十五ミリメートルほどのもので通常は鞘《さや》（包皮）に収まっているが、イントロミッションと射精行動に伴って勃起し、包皮から露出されている。雄の性行動制御には、マウント、イントロミッションと射精行動それぞれに、ペニスの勃起の機構があり、両者ともアンドロゲンが前もって働いていることで機能する。

雄ラットは、発情している雌ラットがいる観察ケージに入れられてもすぐには行動を開始しない。しばらくケージの中を歩き回り、その後、雌に近付いていく。これは雄ラットの習性によるものである。雄では、自分のおかれた環境の安全性の確認をする行動が性行動より優先的に生じるためである。性行動をしている途中に、大きな音がしたり、周りでなにか動く気配などが感じられると、行動を止め、あたりを見まわす動作を行う。これらのことは、大脳皮質が雄の性行動に強く影響することを示唆するものであろう。

雄と雌の脳と脊髄には、生殖腺ホルモンによって影響を受けて活動をする性行動の制御機構が存在し、そこには多くの神経核が含まれ、複雑な神経回路網を形成している。[43, 80]（山内兄人）

〔2〕 雌の性行動

(a) 発情を開始させるホルモンと神経

雌ラットの性行動の発現すなわち発情には卵巣から分泌されるエストロゲンが必須であることは、排卵前日の早朝に卵巣除去を行うと、夕刻からみられる性行動が消失し、エストロゲンを補充すれば、回復することから明らかである。エストロゲンが発情を開始させるおもなホルモンなわけである。エストロゲンは脳の性行動制御機構（図1・3）に作用して発情を促す。

前脳の性行動促進機構への作用

視床下部の食欲抑制中枢と考えられている腹内側核の外腹側部にはエストロゲン受容体を豊富にもつ神経細胞が集まっている。[15, 61] この神経核を高周波などで破壊するとロードーシスの発現が減少し、[30, 42] 電気刺激をすると促進される。[41] また、卵巣除去ラットの視床下部腹内側核にエストロゲンを直接植えると、ロードーシスが促進される。[3] したがって、排卵前日の午前中に高まるエストロゲ

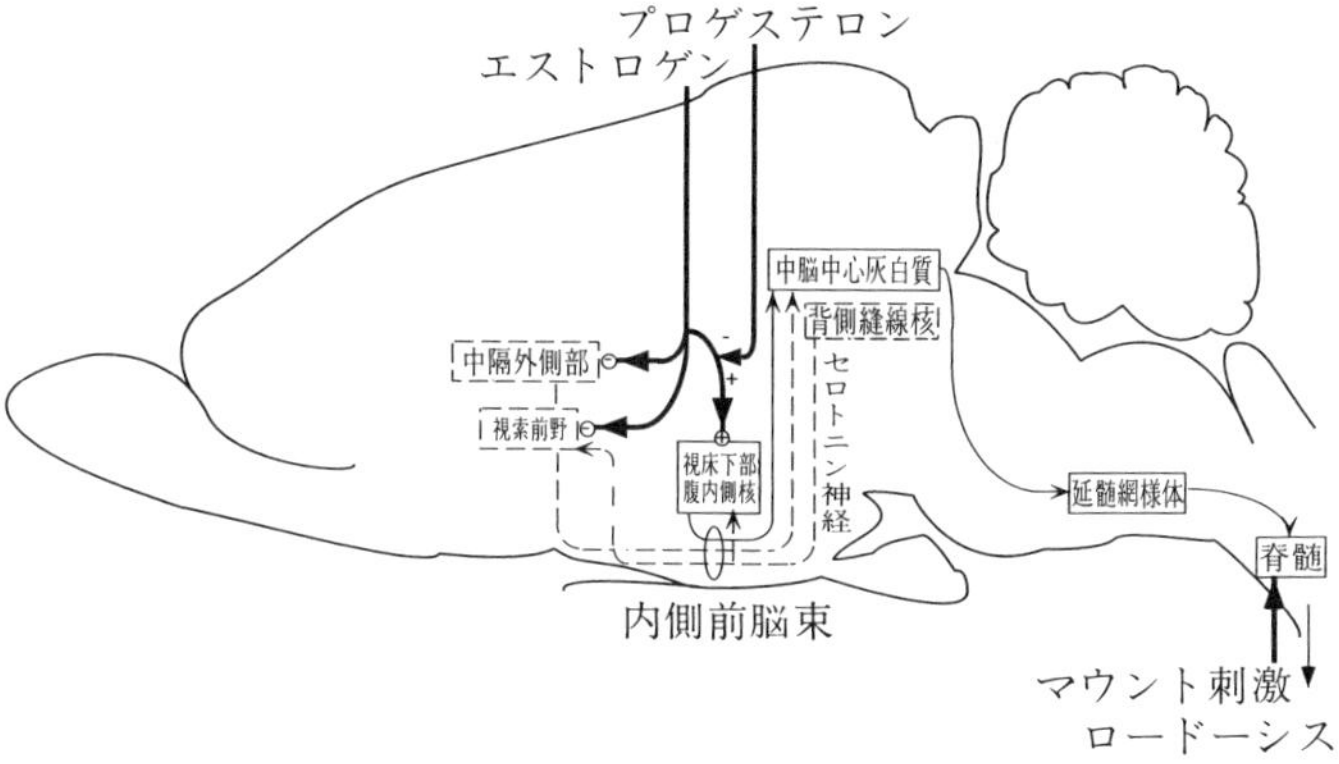

図 1.3　雌ラット脳における雌性行動制御図と性ホルモンの働き。エストロゲンは中隔のロードーシスに対する抑制を解除し，視床下部腹内側核の促進機能を働かせる。

ンは、視床下部腹内側核の神経細胞の活動を促し、ロードーシスの発現を可能にする。言い換えると、視床下部腹内側核はエストロゲンの情報をロードーシス発現促進情報に置き換える。視床下部腹内側核の前外側部からでる下降性の神経線維がこの情報を下位脳幹に送る役目をもち[74]、中脳の中心灰白質外背側部に影響を及ぼしている[53]。中脳中心灰白質にもエストロゲンの受容体の存在が確認されており、エストロゲンは下位脳幹のこれらの部位にも働いている可能性がある。

性行動抑制神経機構への作用

一方で、前脳にはロードーシスの発現を抑制している機能が中隔と視索前野、それに中脳の背側縫線《ほうせん》核に存在している。中隔外側部の破壊[36]や腹側神経線維切断[73]により、閾《いき》値下のエストロゲン投与でも勧誘行動を伴う強いロードーシスが見られるようになる。中隔の外側部にはエストロゲン受容体が存在する[47]。われわれの最近の結果では、閾値下のエストロゲンを投与しておいた卵巣除去ラットの中隔に、ガイドステンレス管を介してエストロゲン結晶を投与すると、ロードーシス発現が可能となることが示された[58]（図1・4）。中隔にエストロゲンの働きと拮抗するジヒドロテストステロンを直接植えておくとエストロゲンによって引き起こされるロードーシスの低下が見られることも報告されている[67]。これらの結果から、中隔外側部のエストロゲン反応性のニューロンが抑制機能に関与し、エストロゲンにより抑制が解除されるものと考えられる。

中隔腹外側部のすぐ下を水平切断すると、少量のエストロゲンでロードーシスが生じる[79]。中隔の腹外側部からでた神経線維は前脳と下位脳幹を結ぶ内側前脳束に入り下降することが解剖学的に示されており、内側前脳束の切断もロードーシス促進の効果があることから、中隔腹外側部のエストロゲン反応性ニューロンからでた抑制力は視索前野背側部(31、78)から内側前脳束を通り下位脳幹(23、75、77)にいくものと考えられる。中隔の働きは視床下部腹内側核の促進作用とは独立していると考えられるが(72)、中隔腹側部の水平切断が視床下部腹内側核のエストロゲン受容体を増やすという報告もあり(7)、間接的

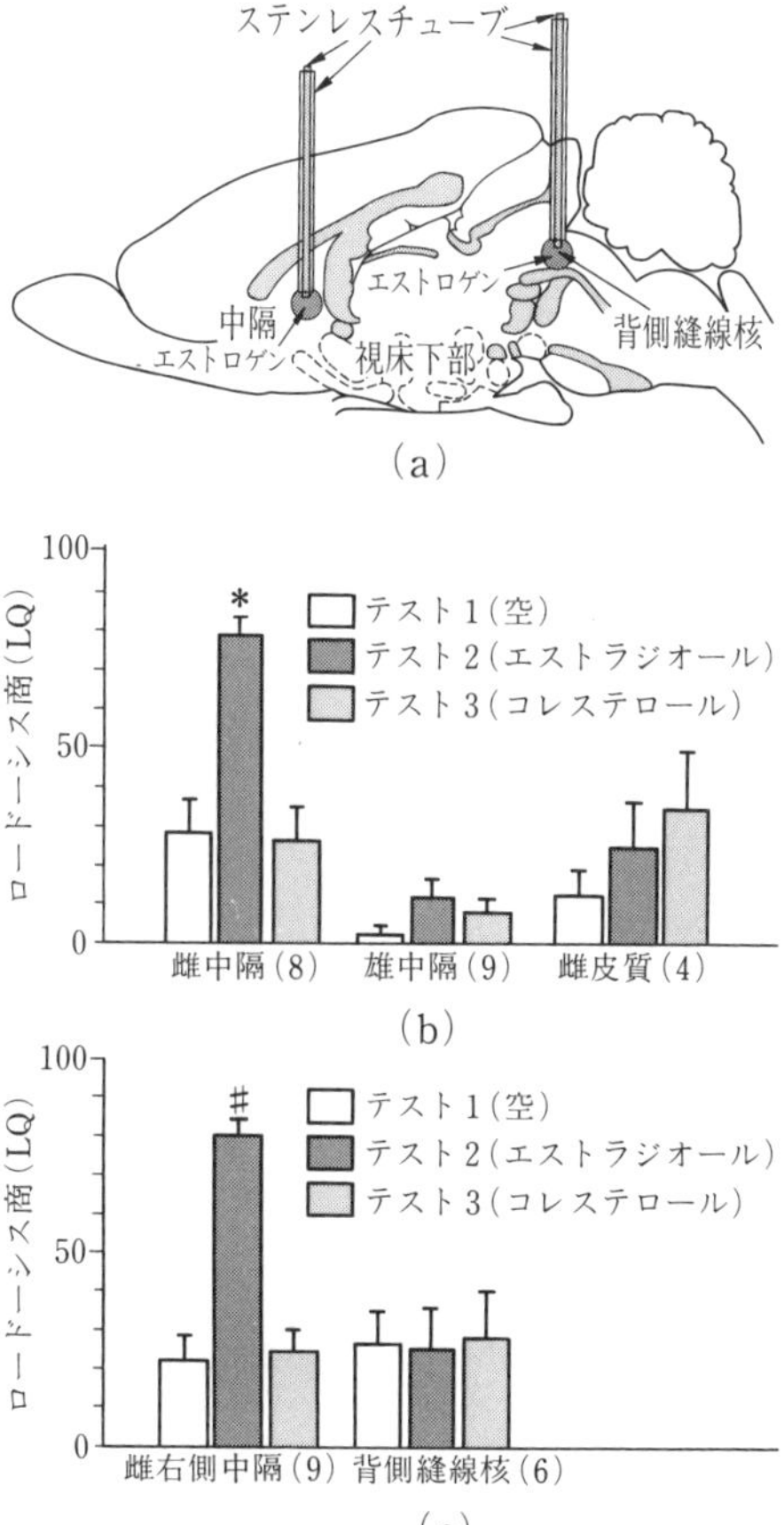

図1.4　エストロゲンをラットの中隔または背側縫線核に直接入れ，ロードーシスの発現を調べた。雌ラットの中隔にエストロゲンを入れるとロードーシスが促進されたが，背側縫線核や皮質に入れても効果はなかった。また，雄の中隔に入れても効果は見られなかった。(文献58)より)

に影響を与えている可能性はある。

中隔の腹側に位置する視索前野もロードーシス抑制力をもつ。[37,46] 中隔と視索前野はおたがいに機能的連絡をもつが、ロードーシス抑制機能は異なった性質をもつ可能性が電気生理学的実験により報告されている。[64] 視索前野にはエストロゲン受容体が豊富にみられ、エストロゲンを直接植えるとロードーシスが促進されることから、[81] エストロゲンは視索前野の抑制も解除する可能性が考えられる。

一方で、下位脳幹の背側縫線核を破壊したり、[76] 切断[20]すると強いロードーシスをするようになる。背側縫線核を電気刺激するとロードーシスは抑制される。[2] 背側縫線核も中隔野視索前野と同様にロードーシスの発現に抑制的に働いているわけである。その抑制力は背側縫線核に多く存在するセロトニン神経によって形成され、背側縫線核の腹側部を通る出力神経線維[20]で前脳にいくものと考えられる。背側縫線核と前脳との関係は明確になっていない部分が多いが、セロトニン神経毒の注入実験などにより視床下部腹内側核の機能か視索前野の機能を修飾する可能性が考えられている。強い抑制力をもつ中隔とは、機能的には独立していることが破壊と切断の組み合わせ実験で示されている。[18] 背側縫線核にはエストロゲンの α 受容体は少なく、閾値下のエストロゲンを投与し、エストロゲン結晶を直接背側縫線核に植えても、ロードーシスの発現は弱い[58]（図1・4）。したがって、背側縫線核のセロトニンニューロンによる雌性行動抑制は直接エストロゲンの作用を受けていないと考えてよいであろう。背側縫線核の抑制機構はGABAニューロンの抑制力とも関係していることが示されており[19]、ホルモンにかかわらない制御を受けている可能性もある。

このように、排卵前日の成熟卵胞より放出される大量のエストロゲンは、前脳の視床下部腹内側核の機能を働かせ、中隔の抑制を解除することにより、雌ラットの発情状態をつくりだすのである。その状態のときに雄ラットのマウントを受けると、マウントによる皮膚刺激が反射的行動であるロードーシスを生じさせることになる。

神経細胞に働くエストロゲン

卵巣を除去された雌ラットに性行動を回復させるには、エストロゲンを行動テスト四十八時間前に投与しておく必要がある。エストロゲンの投与と同時に、抗エストロゲン物質であるCI‐628[26]やCN‐55[1]を投与すると、性行動はほとんどみられなくなるという報告がある。さらに、CN‐55は二十四時間後に注射してもある程度の抑制効果がみられる。これは、性行動の制御に関与している神経細胞に、エストロゲンが投与されてから二十四時間後もなんらかの作用をしていることを示すものである。　エストロゲンを投与するとラットの視床下部のエストロゲン受容体は減少し、プロゲステロン受容体は増加することが示されているが、エストロゲンを投与して二十四時間前後に視床下部領域でのプロゲステロン受容体のmRNA産生を誘導すること[48]から、エストロゲンはプロゲステロン受容体の合成を制御して、ロードーシスを制御している可能性がある（プロゲステロンの働きは(b)項参照)。

エストロゲンは脂溶性であり、神経細胞の細胞膜は比較的容易に通過する。神経細胞の核内に入ったエストロゲンは受容体に結合し複合体をつくる。エストロゲン-受容体複合体は、遺伝子上のエストロゲン応答配列（estrogen response element, ERE）に結合し、転写因子として遺伝子調節を行うことで、発情開始に必要なタンパクをつくりだすものと考えられる。

エストロゲンやプロゲステロンの受容体タンパクに関するDNA鎖にEREがあることは、エストロゲンがそれらの受容体量を調節する因子として働くことで、ホルモンの作用を修飾していることを示すものである。

一方、性行動の制御に関与していると考えられている神経伝達物質の一つ、エンケファリンの前駆物質であるプロプレエンケファリンの遺伝子座にもEREが確認されている(84)。さらに、エストロゲンが神経突起の成長を促し、シナプス数を増やすことも知られている。このように、エストロゲンは神経伝達物質合成を調節したり、性行動制御にかかわる神経回路網のシナプス形成に必要な蛋白合成を促すことで、神経伝達量の調節を行っているとも考えられる。（山内兄人）

(b)　発情を抑えるホルモンと神経
プロゲステロンによる抑制

雌ラットではエストロゲンの分泌が排卵前日の午前中に高まり、その午後にプロゲステロンの一過性の増加が見られるが、急性卵巣除去実験では、そのプロゲステロンはエストロゲンのロードーシス促進作用をさらに強める働きをもつことが示唆されている。(34) 一方で、血液中プロゲステロン濃度の高い妊娠期や授乳期のラットにエストロゲンを投与してもロードーシスの発現は低い。(33)(62) さらにプロゲステロンはイタチやウサギでは発情停止ホルモンと考えられている。(29)(4) このように、プロゲステロンは交尾排卵動物でも、自然排卵動物でも、雌の性行動に対して抑制的にも働くことがわかっている。

卵巣を除去されてロードーシスを示さなくなった雌ラットに、エストロゲンを投与して四十時間前後にプロゲステロンを投与するとロードーシス発現が著しく亢進《こうしん》する。(12) しかし、プロゲステロンをエストロゲンと同時に投与しておくと、ロードーシス発現は抑制される。(9) プロゲステロンはエストロゲンの投与時間との関係で、促進にも抑制にも作用するわけである。卵巣除去ラットを用いてエストロゲン投与前後四十時間でさまざまに時間を変えてプロゲステロンを投与し、雌型性行動抑制に対する影響を調べたわれわれの結果では、エストロゲン投与の二十四時間前までにプロゲステロンを投与するとロードーシスは強く抑制され、さらに四十時間前にプロゲステロンを投与しておいてもある程度の抑制効果がみられた（図１・５）。また、エストロゲン投与後、二十四時間以内にプロゲステロンを投与すると強い抑制が見られたが、それ以後の投与では抑制されなかった。(55) ラットでプロゲステロンの抑制的作用の同様の報告はいくつかある。(5) このように、プロゲステロンは

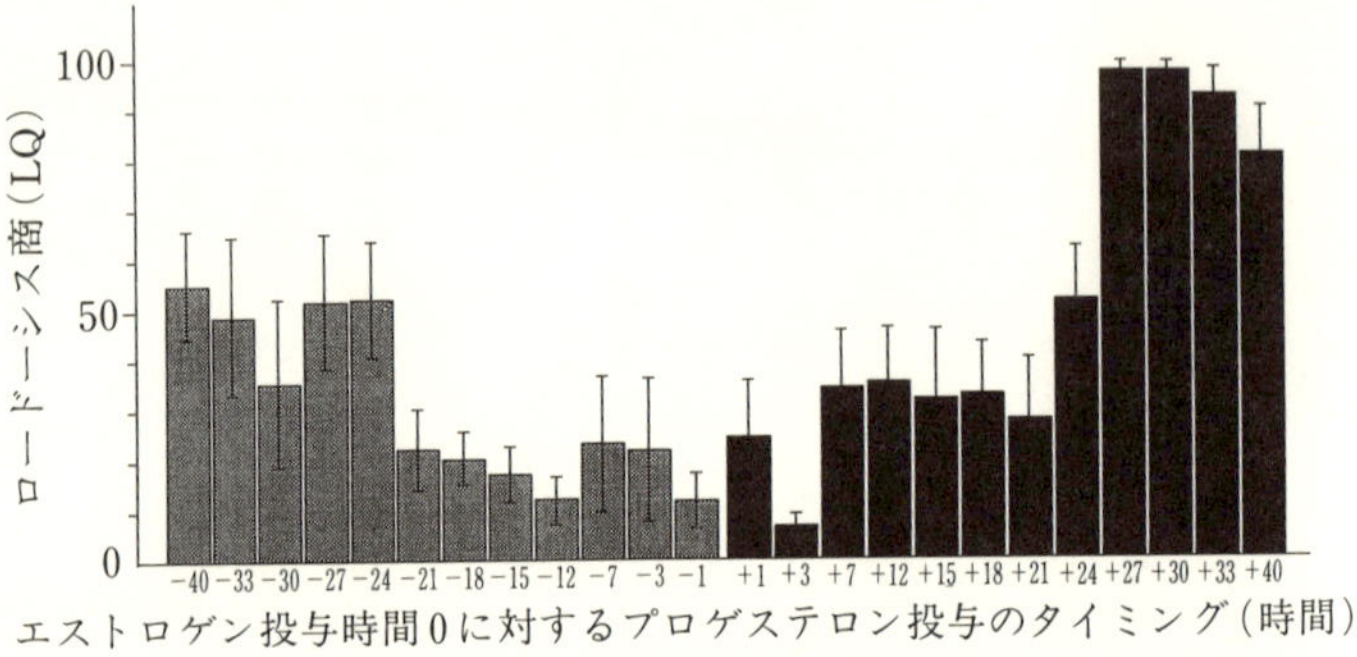

図 1.5　雌ラットにおけるエストロゲンのロードーシス促進作用に対するプロゲステロンの抑制作用。エストロゲン投与前後，それぞれ 40 時間内にプロゲステロンを投与して抑制効果を調べた結果，エストロゲン投与前後それぞれ 24 時間以内でプロゲステロンによる強い抑制が見られた。(文献 55) より)

エストロゲンの効果を基本的には抑制する働きをもつものと考えられる。プロゲステロンの抑制作用はモルモット[82]、ハムスターなどでも報告され、ハムスターではエストロゲンとプロゲステロンを同時に投与すると最も強い抑制が生じ、エストロゲン投与の二十四時間以上前にプロゲステロンを投与すると時間が離れるに従って抑制効果が弱まるという報告もある[8]。同様にエストロゲン投与後でも二十四時間まではプロゲステロンの抑制効果がみられる[83]。

脳におけるエストロゲンの作用を抑えるプロゲステロン

ラット脳においては、プロゲステロン受容体は前脳から下位脳幹まで比較的広範囲に分布していることが知られている[21、28、44、68]。エストロゲンと同時に多量のプロゲステロンを投与するとエストロゲンによるプロゲステロン受容体の増加が抑制される[32]。しかし、脳の部位によってはプロゲステロンの効果がみられない部位もある[32]。卵巣除去ラットではエストロゲンを投与されると十二時間程度で視床下部腹内側核や視索前野においてプロゲステロン受容体mＲＮＡが誘導され[48]、その後プロゲステロン受容体の産生が認められる。プロゲステロンのロードーシス抑制効果は、プロゲステロンによりエストロゲンによるプロゲステロン受容体産生が抑えられ、四十四時間後に投与したプロゲステロンの働きが機能しないために生じた可能性がある。卵巣を除去したラットにプロゲステロンを直接視床下部腹内側核に注入すると、エストロゲンを投与してもロードーシスは生じない[49]。プロゲステロン受容体mＲＮＡのアンチセンスオリゴヌクレオチドを視床下部腹内側核に注入すると、プロゲステロンのロードーシス促進作用がみられなくなる。[39] このように、エストロゲンによる視床下部腹内側核に対する作用をプロゲステロンは阻害する可能性がある。一方、(a)項で述べたように、エストロゲンは抑制機構である中隔や視索前野の抑制を解除しロードーシスの発現を促す。しかし、中隔、視索前野、さらに背側縫線核などを破壊してしまっても、プロゲステロンはロードーシスを抑制する。[56] したがって、プロゲステロンの抑制的作用部位は視床下部腹内側核が中心である。

モルモットでは、中脳腹側部へのプロゲステロン投与はロードーシスを抑制するという報告がある[35]ことも記しておかなければならない。

神経細胞でのプロゲステロンの作用

エストロゲンが神経細胞に作用する際に、プロゲステロンがどのような働きでそれを修飾するのかまだ定説はない。プロゲステロン受容体に結合するプロゲステロン拮抗剤ＲＵ４８６をエストロゲンとほぼ同時に投与し、ロードーシスの制御にかかわっていると考えられる部位のプロゲステロン受容体の免疫《めんえき》組織化学的検出を行った結果では、拮抗剤にもかかわらずＲＵ４８６はプロゲステロン同様にロードーシスを抑制し、同時に視床下部のプロゲステロン受容体免疫陽性細胞数が減少することがわかった。

プロゲステロンによる雌性行動の促進効果については二つの説がある。第一には核内プロゲステロン受容体にプロゲステロンが結合し、転写促進により効果が現れるという考え方である。

プロゲステロンのロードーシス促進効果を抑制するRU486はプロゲステロン受容体に対してプロゲステロンとほぼ同様の親和性をもち，DNA上のプロゲステロン応答配列を認識して結合する[6]。しかし，RU486と結合してもプロゲステロン受容体はDNAとの適切な立体配置をとることができず，転写因子としての働きは弱いためにプロゲステロンの働きを阻害してしまうのであろう。プロゲステロンはエストロゲンによる転写活性を著しく阻害することも報告されている[24]。しかし，RU486は遺伝情報を活性化することがないのにもかかわらず，エストロゲンによって誘起される性行動を抑制した。この結果は，エストロゲンの作用を阻害するには転写因子としての活性は必要としない可能性を示すものである。

プロゲステロンのロードーシス促進作用においては，核内受容体遺伝子の活性化を伴わず雌性行動を促進する可能性も示唆されている。血清アルブミンに結合させたプロゲステロンを雌ハムスターの中脳被蓋野《ひがいや》に植え込むことで性行動の亢進がみられる[69]。血清アルブミンに結合させたプロゲステロンは細胞膜を通過できないことや，プロゲステロン受容体ノックアウトマウスでもプロゲステロンの促進効果がみられる[11]ことから，プロゲステロンの作用は膜受容体を介したものであることが示唆される。

テストステロンを雌ラットに慢性的に投与しても雌性行動は発現可能である[69]。しかし，エストロゲンに変換されないアンドロゲンであるジヒドロテストステロンを投与してもロードーシスの発現はほとんどみられない。芳香化阻害剤やエストロゲン受容体の拮抗剤は、テストステロン誘起のロードーシス発現を著しく阻害する(17、71)。これは神経細胞中にある芳香化酵素によりアンドロゲンがエストロゲンに変換され、エストロゲンの作用を生じさせるためと考えられている。われわれのテストステロンプロピオネートを一回投与してロードーシスを調べた結果では、卵巣除去ラットは一〇〇 $\mu g/kg$ のテストステロンプロピオネートを投与してもロードーシスをしないが、二〇〇から八〇〇 $\mu g/kg$ を投与すると、量に比例してLQが高くなり、八〇〇 $\mu g/kg$ TP群では五 $\mu g/kg$ のエストラジオールベンゾエートを投与した場合ほぼ等しくなった(59)。それらの量のテストステロンに対して五mgのプロゲステロンを投与すると、すべての雌のロードーシスの低下がみられた。プロゲスロンが芳香化酵素の働きに強い影響力をもたない限り、プロゲステロンは膜のレベルで作用しているのではなく、細胞質または核のなかで転写活性を伴わない経路でエストロゲンに影響を与えている可能性を示唆するものである。

雄におけるプロゲステロンの抑制作用

雄ラットは去勢されてエストロゲンを投与されてもほとんどロードーシスをしない。それは、中隔、視索前野、背側縫線核などの部位に強い抑制力があるからである。これらの部位を破壊すると、雄でもロードーシスをするようになる。中隔を破壊されてロードーシスを示す雄にエストロゲンを投与するとほぼ同時にプロゲステロンを投与して雌の性行動を調べたところ、ロードーシスの減少がみられた[57]。また、中隔を切断された雄ラットにプロゲステロンを投与すると、エストロゲンによって誘起されたロードーシスを強める。そのほか、雄ラットでは雌型性行動発現においてプロゲステロンが促進的に作用するという報告がいくつかなされている[40、69]。したがって、雄においてもプロゲステロンはエストロゲンのロードーシス促進に対し、阻害したり強めたりすることができるものと考えられる。（佐藤元康）

(c) 性行動を制御する神経回路

性 行 動 と 脳

雌の性行動を構成する行動単位は、誘惑行動と受容行動に大別される。いずれも雌固有の行動であって、血中エストロゲンの上昇が行動発現に必須である。血中エストロゲンの上昇により雌ラットの行動量が増し、雄ラットのなわばりに進入して雄に対する誘惑行動が起こる。挑発された雄を受け入れて、ペニスの挿入を許すのが受容行動である。エストロゲンによる性行動の調節はエストロゲン受容体αを介して作用することが、最近の遺伝子ノックアウト動物で示されている[38]。エストロゲン受容体αを細胞核内にもつニューロンは成熟雌ラットでは内側視索前野、視床下部腹内側核、外側中隔、扁桃核内側部、中脳中心灰白質といった特定の脳内領域に分布している。これらの部位に存在するニューロンにはたがいにシナプス連絡があり、エストロゲン感受性神経ネットワークの出力が中脳被蓋や延髄に存在する運動調節領域の活動を制御することで、行動発現に至ると考えられる。[51]

エストロゲンの作用

エストロゲンのロードーシス反射に対する作用が核内受容体を介する遺伝子活性化の結果であることは、投与後ロードーシス反射の発現に至る長い潜時やタンパク合成阻害剤の使用からも確かめられている。[43] また、軸索輸送や活動電位の発生の阻止によってもロードーシス反射が消失することから、合成された分子は軸索輸送により中脳に運ばれ、中脳に存在する皮膚感覚の処理機構に働いて下行性出力を変化させると考えられる。エストロゲンによるロードーシス反射の誘発には、このホルモンにより直接、間接に代謝が制御される各種の神経ペプチドやアミン類、プロラクチン、オキシトシン、内因性オピオイドペプチドなど多彩な物質が含まれる。[43] ペプチドやタンパク分子による神経伝達には、古典的シナプス伝達物質の概念に当てはまらない長い時間経過や遠距離に及ぶ例がある。中脳中心灰白質への投与がロードーシス反射の促進を起こす性腺刺激ホルモン放出ホルモン（GnRH）はこのような物質の一つである。[63]

一方、エストロゲンがニューロンの興奮性を変化させる現象も報じられている。この現象が核内受容体とは別個の膜受容体を介する可能性もある。事実、環状ヌクレオチドをセカンドメッセンジャーとしたり、直接カルシウムコンダクタンスの変化を起こすことにより、エストロゲンが急速な膜電位の変化を起こすことが報告されている。また、核内受容体を介して Na+-K+ATPase の

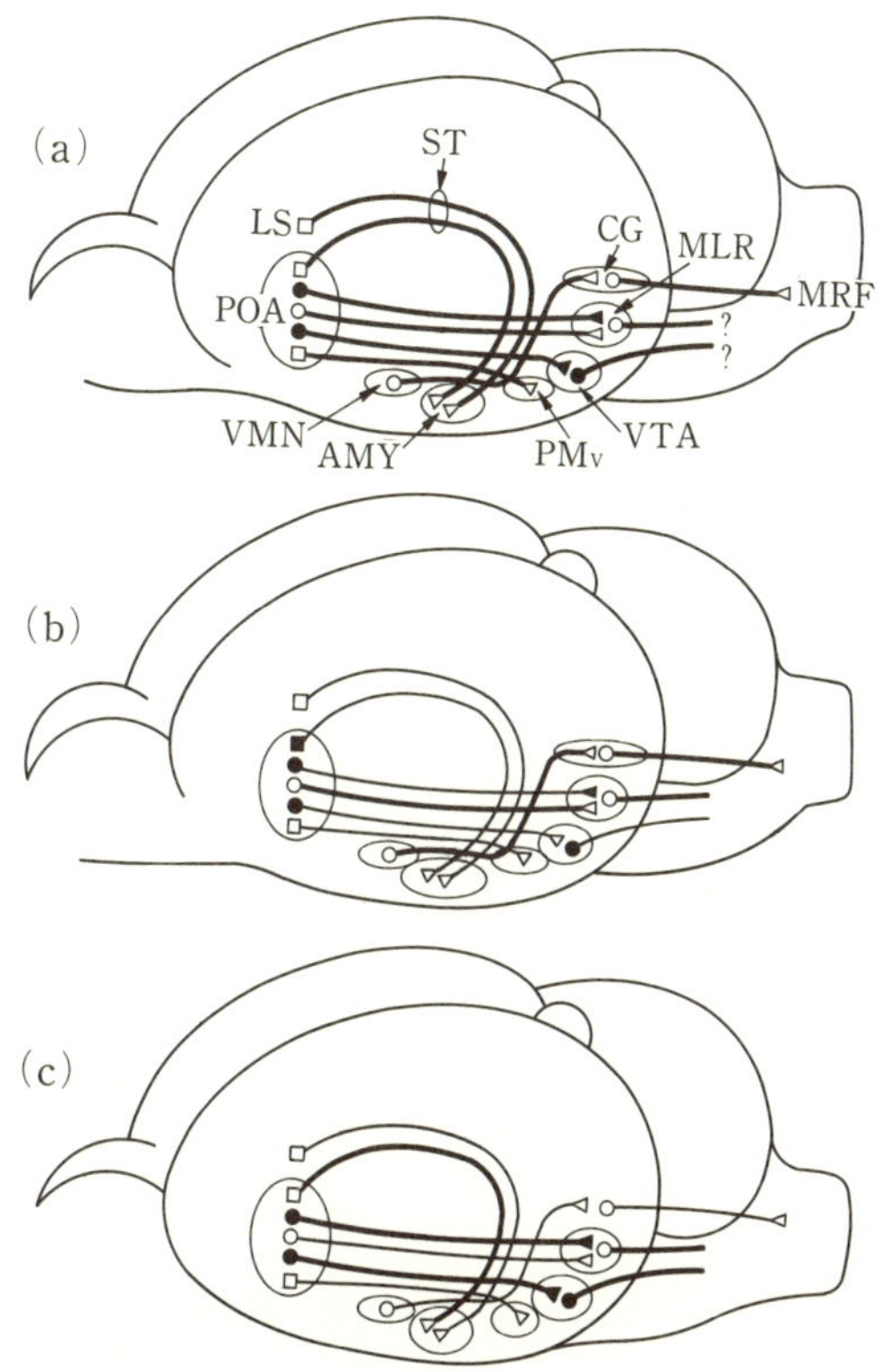

図 1.6　エストロゲン感受性脳内神経回路の概念図。視索前野（POA）から中脳運動領域（MLR）に至る投射は誘惑行動に，前者から腹側被蓋野（VTA）に到達する投射は受容行動の誘発に関与する。視床下部腹内側核（VMN）から中脳中心灰白質背側部（CG）に至りシナプスを交換する投射がエストロゲンで賦活され，受容行動を促進するのに対し，腹側被蓋野から中心灰白質腹側部を経て延髄に至る投射はエストロゲンによる脱抑制で同様の効果を発揮する。これまでにわれわれがエストロゲン感受性を調べた回路を(a)に，このうちエストロゲンにより興奮性が増す回路を(b)に，逆に抑制を受ける回路を(c)に示した。

活性を調節することで、静止膜電位に変化を起こす可能性も示されている。[25] われわれの実験では、卵巣摘除雌ラットにエストロゲンを投与すると、中脳中心灰白質の電気刺激により視床下部腹内側核ニューロンから記録される逆行性興奮の誘発閾値が低下し、不応期が短縮して興奮性が上昇することが判明している。[50] 他方、前脳や内側視索前野から中脳腹側被蓋野に投射するニューロンはエストロゲンにより抑制され、逆行性興奮閾値の上昇と、絶対不応期の延長を起こす。[13]

このようにして観察されるニューロンの興奮性に対するエストロゲンの効果には、部位特異性ばかりでなく、卵巣摘除雌と新生仔期に去勢された雄に限られ、精巣摘除雄や新生仔期に男性ホルモン処置を受けた雌では見られないという性差があり、ロードーシス反射を指標とする行動上のエストロゲン感受性との対応が見られるのは興味深い。[51] エストロゲンによる部位特異的な神経回路の興奮性の調節を図1・6に示した。

ロードーシス反射

雄のマウントによる皮膚感覚刺激によって起こるロードーシス反射は、代表的な受容行動である。この反射を調節する神経回路は、感覚性上行路、運動性下行路、エストロゲンの作用部位など全容がほぼ明らかになっている。ロードーシス反射は基本的には延髄以下で実行される反射であって、延髄脊髄路による固有背筋運動ニューロンの調節が最終共通路である。エストロゲンは視床下部腹内側核に発する促進性経路の興奮と、内側視索前野から下行する抑制経路の脱抑制によりロードーシス反射を起こす。卵巣摘除雌ラットに、ロードーシス反射の誘発に必要な閾値量以下の微量のエストロゲンを全身投与したうえで、腹内側核や内側視索前野にこのホルモンの結晶を脳定位手術により植えると、反射を起こすことができる。[43] 腹内側核を電気刺激するとロードーシス反射が亢進し、破壊によりエストロゲンのロードーシス反射誘発効果が消失する。また腹内側核の投射野である中脳中心灰白質背側部の電気刺激によってもロードーシス反射の促進が得られるから、この系はエストロゲンによって賦活されるロードーシス反射の促進性下行系である。中脳中心灰白質背側部のニューロンは、延髄脊髄路ニューロンが分布する延髄巨大神経細胞核に軸索を終わる（図1・7）。

一方、内側視索前野を破壊すると、ロードーシス反射の誘発に必要なエストロゲンの閾値量が低下する。この部位に脳定位手術によりエストロゲン結晶を植えるとロードーシス反射が起きることと、さらに電気刺激をするとエストロゲンの全身投与によるロードーシス反射が抑制されることから、この系はロードーシス反射の抑制性下行系であって、エストロゲンによる脱抑制によって反射が発現すると考えられる。[64] 内側視索前野の投射は中脳腹側被蓋に終わり、[13] シナプス交換を経て背外側被蓋野に投射する。[54] 腹側被蓋野の下行性投射は、この間中脳中心灰白質の腹側部を通過する。内側視索前野ばかりでなく、腹側被蓋野の電気刺激も強力なロードーシス反射抑制効果を示す。[14] また、背外側被蓋野は逆説睡眠時の筋弛緩に関係するとされる部位であって、ロードーシス反射の抑制も共通の機構による可能性がある。

多くの脊髄反射と同様、ロードーシス反射は大脳皮質から常時緊張性の抑制を受けており、皮質の外科的除去や拡延抑制はロードーシス反射の著しい亢進を起こすが、具体的な回路は不明である。また、扁桃核内側部から分界条を経由して内側視索前野に入ってくる投射はエストロゲンによるロードーシス反射の促進に寄与している[65]。逆に、帯状回皮質や外側中隔からは反射を抑制する投

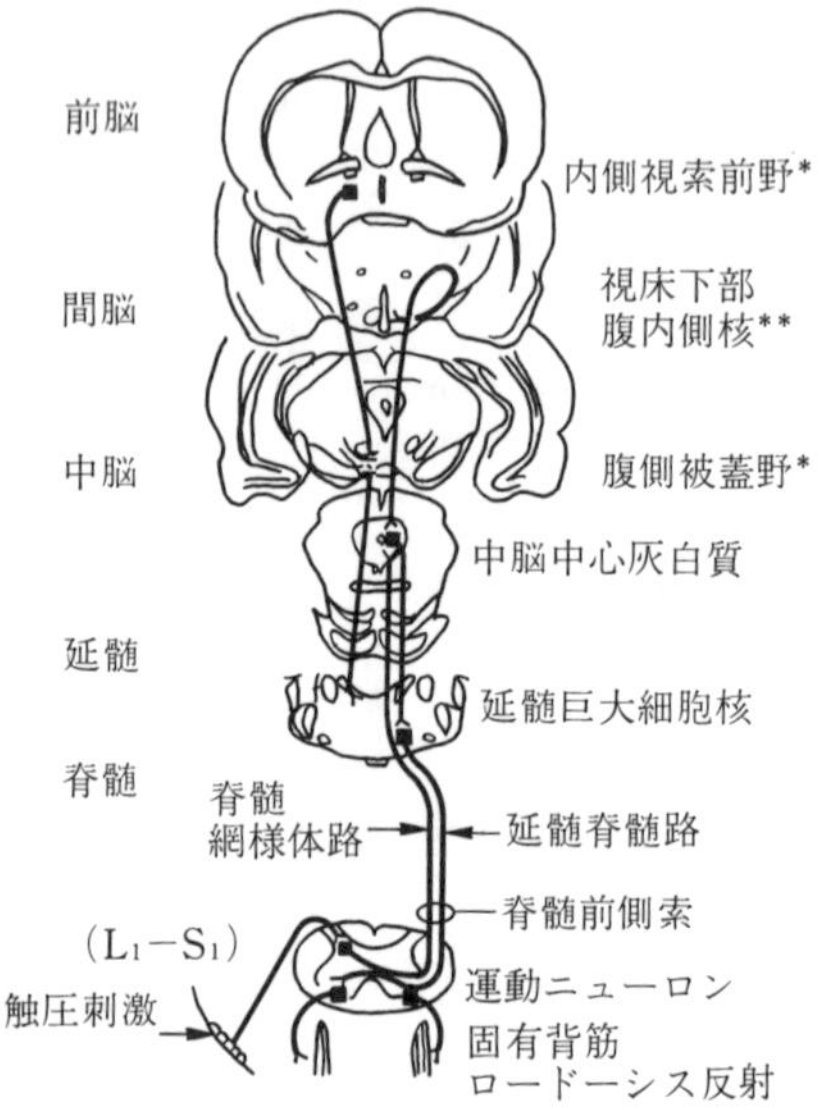

図1.7　ロードーシス反射の調節に関与する感覚性上行路，運動性下行路，エストロゲンの作用部位。*：エストロゲンによる神経興奮の抑制部位，**：エストロゲンの興奮促進部位。

射が内側視索前野を経由して下行する[27]。

誘惑行動

雌ラットの性行動の調節における内側視索前野の役割については、過去かなりの混乱があった。内側視索前野の破壊の方法、範囲ばかりでなく、異なった実験パラダイムや性行動のどの要素を評価するかにより、さまざまな報告が行われた。内側視索前野には異なった機能をもつニューロンが混在していると同時に、上に述べたように帯状回や扁桃核に由来する多くの通過線維がこの部位を経由していることも一因である。たとえば、雄のマウントを忌避できない実験条件では、ロードーシス反射の誘発に必要なエストロゲン量が減少するから、ロードーシス反射に対して内側視索前野ニューロンは抑制性に働くと考えられた[70]。一方、雄に対する拒絶行動が増すためにマウントの成功率が下がることを重視すると、ロードーシス反射発現の絶対数が低下することから、逆の見解が述べられたこともある[45]。そこでわれわれは、微小ナイフによる通過線維の選択的切断や興奮性神経毒の局所投与によるニューロン細胞体の選択的破壊と、局所の電気刺激を組み合わせて、ロードーシス反射のみでなく、誘惑行動の数量的評価を行った。

興奮性神経毒の局所注入で、選択的に細胞体を脱落させると、ロードーシス反射が亢進すると同時に、雄に対する誘惑行動が消失し、雄のマウントの試みに強力に抵抗するようになった。このような雌ラットで内側視索前野を電気刺激すると、残存している通過線維の興奮によるとみられるロードーシス反射の抑制が起こる[16]。他方、内側視索前野と中隔との間を微小ナイフで離断した場合もロードーシス反射の誘発に必要なエストロゲン量が減少する[75]。このような動物で電気刺激による下行性ニューロンの興奮を起こすと、迅速できわめて強力なロードーシス反射の抑制が起こる[64]。これは分界条に由来する促進性要素の除去により、内側視索前野ニューロンのロードーシス反射抑制作用が表面に現れたものである。

内側視索前野には中脳歩行領域への投射を介して、運動量の調節に関与するニューロンが分布している。比較的内側の部分を刺激すると歩行が抑制され、外側の外側視索前野に接する部位の刺激により運動量が増す[60]。エストロゲンは前者を抑制すると同時に、後者の興奮性の上昇を起こす。エストロゲンによる行動量の増加は、二つの下行性回路に対する相反性効果によるものと考えている[66]。無麻酔自由行動下の発情雌ラットの内側視索前野から単一ニューロン活動を記録し、誘惑行動との関連を調べると、外側両視索前野に接する領域から、誘惑行動と平行して放電頻度が増すニューロンが記録できる[22]。雌ラットの誘惑行動は挑発された雄がマウントし、ペニスの挿入に成功するとその後十秒から二十秒の間消失する。ニューロンの放電頻度はこのような行動の変化に平行し、誘惑行動の消失とともに放電が抑制される。この抑制はペニスの挿入を伴わないマウントでは見られない。このことは、ペニスの挿入が報酬としての価値をもつことを示している[52]。ほかに第三脳室に接する内側視索前野の内側部には、ロードーシス反射の発現に一致して活動が抑制されるニュー

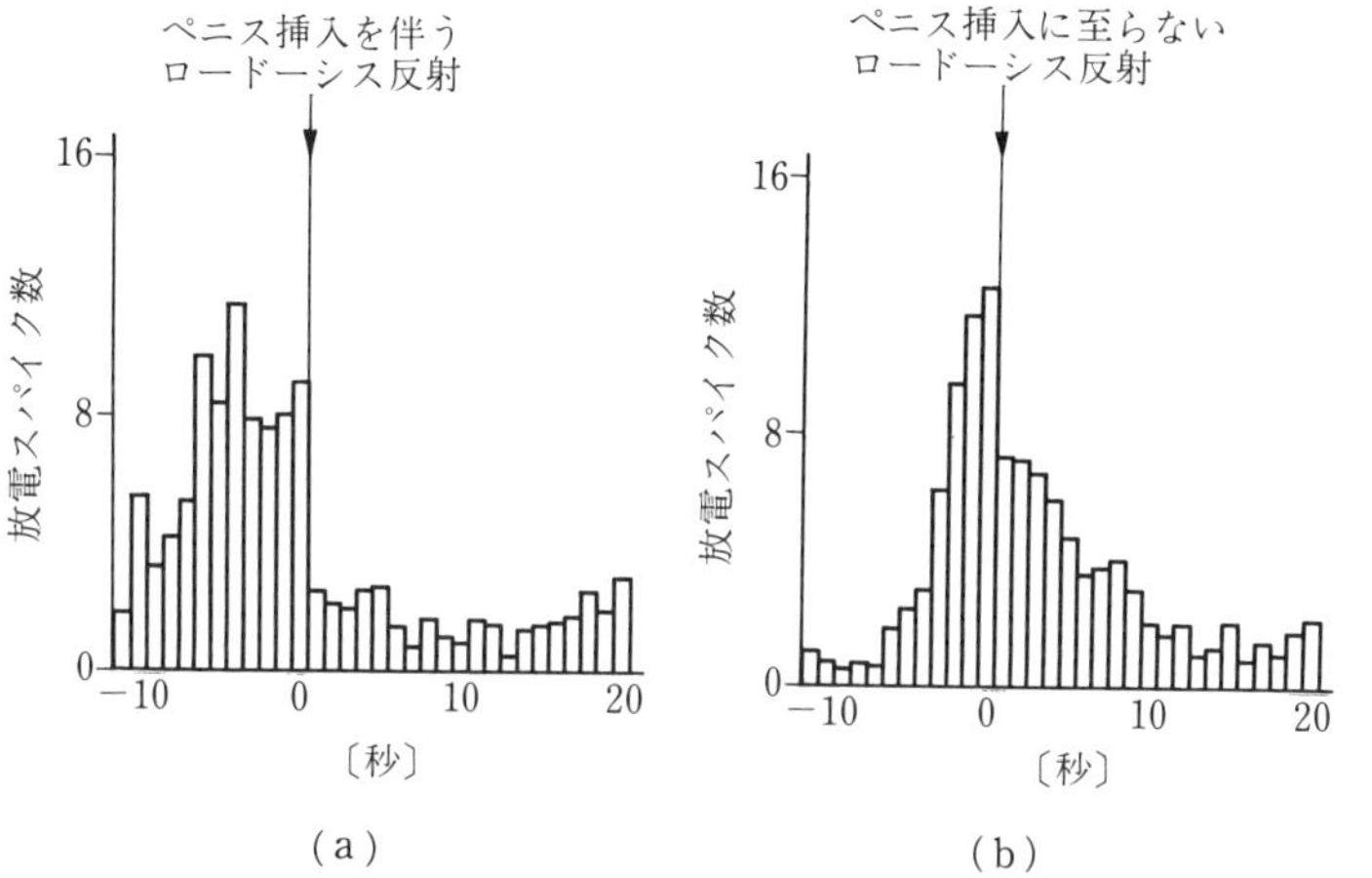

図 1.8　雌ラットの性欲とその充足を反映するニューロン活動。これらのニューロンは視索前野の歩行促進領域に分布する。雄のマウントとペニス挿入に伴う，これらのニューロンの放電活動をドットマトリックス（各黒点の一つが活動電位一発に相当する）と，16 回の試行の加算平均値で示した。マウントに先だって雌が雄に対する誘惑行動を行っている間これらのニューロンの放電頻度は高い（(a)，(b)）。マウントにペニスの挿入が伴った場合には，誘惑行動の一時的な消失とニューロン活動の低下が起こるが (a)，同一のニューロンについて，ペニス挿入が起こらなかった場合には，誘惑行動，ニューロン活動の双方に中断が認められない (b)（文献 52）を改変）。

ロンも見られる（図1・8）。（佐久間康夫）

〔3〕 雄の性行動

(a) 性行動を促進させるホルモンと神経アンドロゲンの作用

雄ラットの精巣では絶えずアンドロゲンが分泌されており、脳の性行動を司っている神経機構に作用して、発情状態をつくりだす。前述のように、雄の場合は発情した雌がいればいつでも交尾行動が生じる。

雄ラットを去勢すると、射精行動とイントロミッションは二―三日で低下する。マウントは短いものでは一週間ほどでほとんど消失するが、三週間以上発現可能な個体もいる[10]。逆に、去勢した雄ラットに正常な性行動を誘起させるためには、高濃度のテストステロンを長期間投与し続けなければならない。ウイスターの雄ラットでは五〇〇μgのテストステロンプロピオネートを連日三週間投与するとほぼ正常なマウント量を誘起できる[45]。また、テストステロンをつめたシリコンチューブを皮下に植えて、去勢雄ラットの性行動回復を調べると、チューブの長さに依存して雄の性行動が強まるが[23]、それにしても長期間かかる。このように、雌性行動に対するエストロゲンの働きは急性であるのに対し、雄性行動を可能にするアンドロゲンの働きは時間がかかる。雄の性行動の発現を維持するためには、中枢神経系の制御機構が長期間アンドロゲンにさらされている必要があるのである。

テストステロンは脳の神経細胞に入ると、芳香化酵素によりエストロゲンに変換される。芳香化されないアンドロゲンであるジヒドロテストステロンを投与しても、去勢された雄ラットの性行動は回復しない(2)。芳香化されるテストステロンを投与しても、脳内の芳香化酵素の阻害剤を投与しておくと性行動は発現しない(8)。エストロゲンを投与すると、去勢された雄ラットの性行動が回復されることは多くの報告がある(33)。このように、精巣から分泌されているアンドロゲンは、脳の神経細胞ではエストロゲンに変換されて、雄の性行動の制御を行っている。

アンドロゲン受容体に結合したアンドロゲンも、芳香化酵素によってエストロゲンにかかわる。芳香化は小胞体において行われる。芳香化によって生じたエストロゲンはエストロゲンの受容体に結合し、タンパク合成に影響を与えることになる。一方で、受容体に結合したアンドロゲンは芳香化されずに直接にタンパク合成に影響を与える系も考えられている(25)。

性行動制御にかかわる神経核は脳と脊髄に広く存在している（図1・9）。前脳の視索前野を破壊すると、雄ラットはテストステロンを投与されても雌にまったく興味を示さなくなる(15, 20)。一方で電気刺激を施すと性行動が亢進する(30)。視索前野にはアンドロゲンの受容体が豊富にあり(42)、テストステロンを視索前野に直接投与すると性行動発現が促されるが(16)、ジヒドロテストステロンを直接投与し

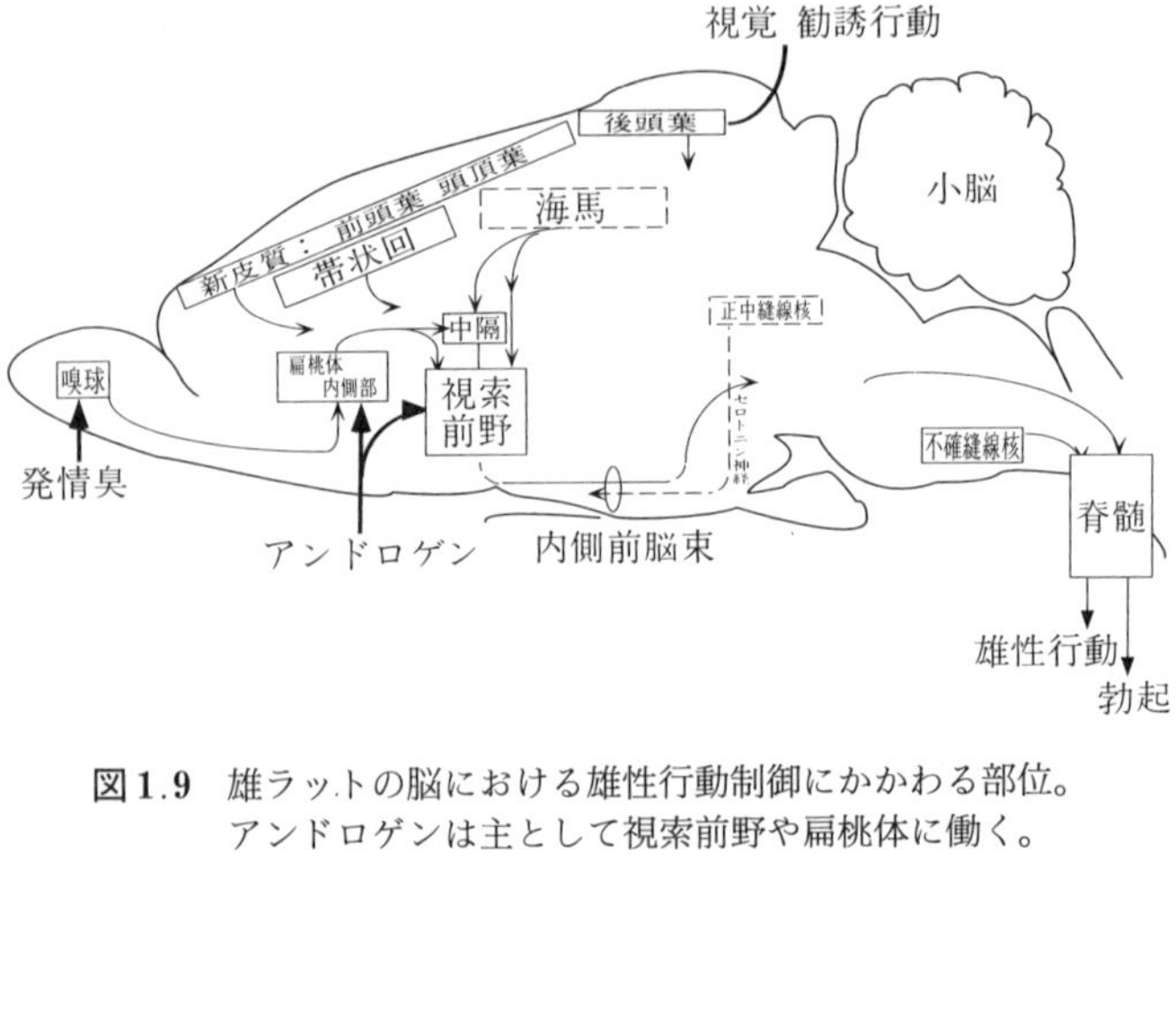

図 1.9　雄ラットの脳における雄性行動制御にかかわる部位。アンドロゲンは主として視索前野や扁桃体に働く。

ても行動は促進されない[1]。テストステロンは視索前野の神経細胞に入るとエストロゲンに変換され、性行動発現を促すことになる。アンドロゲンの情報は内側前脳束を通り、中脳外側被蓋部に達する[6]。

扁桃体《へんとう》にもアンドロゲンの受容体がたくさんあり、アンドロゲンの影響を受けると考えられる。特に扁桃体は嗅覚情報の中継部位として雄の性行動に重要な働きをしている（次項参照）。また、アンドロゲンは脊髄に直接働いて、勃起を可能にしている[30]。

このように、雄ラットの発情状態は、アンドロゲンが脳と脊髄の性行動を促進する機能に長期間作用することで可能になるものと考えられる。

大脳新皮質の作用

血中アンドロゲンが十分で、強く発情している雄ラットでも、発情している雌ラットがいる観察ケージにいきなり入れられると、すぐには行動を開始しない。しばらくケージの中を歩き回り、その後、雌に近付いていく。これは雄の習性によるものである。雄では自分のおかれた環境の安全性の確認をする行動が性行動より優先的に生じるためである。性行動をしている途中でも、大きな音がしたり、周りでなにか動く気配などが感じられると、行動を止め、あたりを見まわす動作を行う。これらのことは、周りの情報が入る大脳皮質が性行動に影響を与えることを示唆するものであろう。

実験的にラットの新皮質を除去してしまうと、交尾をしなくなることが示されている。新皮質の中でも前頭葉を破壊すると交尾を示さなくなる個体が四〇%ほどでること、頭頂葉の外側部破壊も抑制効果がみられること、頭頂葉の内側部の破壊は射精に至らない個体が生じることが報告されている[24]。このような皮質除去による雄性行動の低下はネコなどでも報告されている[3]。

われわれの結果では、中間皮質である前帯状回の破壊が雄ラットのマウントや挿入行動を低下させた。面白いことに、そのような雄の雌に対する興味は消失せず、雌を追いかける。しかし、正常なマウント行動ができず、交尾が達成されなくなるのである[46]。その点が視索前野を破壊され雌にまったく興味を失った雄ラットとは異なる。帯状回に視床前核から前部を通り入ってくる神経線維束(帯状束)を切断して性行動に対する影響をみたが効果がなく、帯状回の外側部に出る神経線維を切断したところ破壊と同じ性行動低下の結果を得た。帯状回で制御されている雄性行動の機能は外側部の出力神経線維により間脳や下位脳幹、または新皮質にいくと考えられる。帯状回は雌でも生殖生理に関与すると考えられており、また、Papetz によって提唱された情動回路(海馬—乳頭体—視床前核—帯状回—海馬)の一部である。

雄の性行動はアンドロゲンに依存していることは確かであるが、大脳新皮質の機能によって強く影響を受けるメカニズムが存在していると考えてよいであろう。

モノアミン神経系

一方、下位脳幹のモノアミン神経系も雄の性行動制御には重要な働きをしている。[28] セロトニン合成阻害剤であるPCPA（一〇〇mg/kg）をラットに腹腔投与すると性行動の活動がきわめて強くなり（図1・10）、勢いあまり同居の雄にマウントをしたりする。[29] PCPAの投与はネコ、ウサギなどあらゆる動物に雄性行動の亢進をもたらす。[12] セロトニンを視索前野に注入すると雄の性行動が抑えられる。[44] このようにセロトニン神経は視索前野に働いて、雄の性行動を抑制していると考えられる。しかし、最近、セロトニン受容体は七つのファミリー十四種に分類され、それぞれに特異的に働く薬品も開発されてきた。それらの薬物を使用して調べられた結果、作用する受容体の種類や雄性行動の種類によって、セロトニンが行動に促進的に働く場合があることも示されている。[5] セロトニン神経は抑制的な働きが強いことは確かであるが、脳の部位によっては促進的に働くことを意味する。それを裏づける結果が最近得られた。延髄の不確縫線核を破壊すると挿入行動が抑えられるのである。[47] セロトニン神経は縫線核群をを中心として、前脳から脊髄まで神経線維を投射している。投射部位によって働きが異なる可能性があり、解剖学的な見地を含めた解析が必要である。

ドーパミン神経は雄性行動を強める働きがある。アポモルフィンか少量のL-DOPA（大量は逆効果）を腹腔投与すると性行動が強くなる。この促進効果は受容体阻害剤ピモジドで打ち消される。[28] ドーパミン神経は運動に関係しているものもあり、行動量などに影響を与える可能性も考えな

図 1.10　セロトニン合成阻害剤である p-chlorophenylalanine を 100 mg/kg 4 日間投与され性行動が亢進した雄ラット。左：発情している雌ラットにマウントしている雄にマウントした雄ラット。右：発情している雌ラットにマウントしている雄のわきで別の雄にマウントしている雄ラット。

ければならない。これらのモノアミン神経系と、アンドロゲンに依存している雄性行動発現機構の関係はまだ不明な点が多い。（山内兄人）

(b) 性行動を引き起こすにおい

雌のにおいと雄の行動

魅力的な異性を思い浮かべてください。私たち人間はこう問われると、どのような異性を思い浮かべるであろうか。背が高くて、目鼻立ちがすっきりしていてと、人によって好みは大分違うかもしれないが、私たちが思い描く魅力的な異性とは、きわめて視覚的なイメージである。しかし、ラットやマウスに同じことをたずねたら、まったく違う答えが返ってくるであろう。彼らにとって最も重要な異性の情報は、におい、すなわち異性の放つ化学物質であるからだ。

性的に成熟した雄ラットは、この発情雌ラットのにおいに非常に強くひきつけられる。これを実験的にテストするには、嗜好性《しこう》（preference）というテスト方法を用いる。われわれの実験では、図1・11のような三つの小部屋からなる装置を用いている。雄ラットで実験する場合は、中央の部屋に雄を入れ、左右の部屋にはそれぞれ発情させた雌と去勢した雌を入れる。部屋と部屋とは三重の壁で仕切られていて、その三枚の壁には互い違いになるように穴を設けてある。さらに中央の部屋には煙突があり、そこからファンで陰圧をかけてある。壁は不透明なので隣の部屋にいる雌の視覚的な情報は雄にはまったく届かないが、においはファンが起こす風に乗って壁の穴から入ってくる。すると、雄ラットはその壁の穴にしきりに鼻先を突っ込んでにおいをかごうとする。この鼻先を突っ込んでいる時間を計測し、発情雌・去勢雌のにおいをかいでいる総時間に対して、発情雌側に費やした時間がどのくらいの割合かを嗜好性の尺度として求める。このようにテストすると、正常な雄でだいたい七〇%くらいの嗜好性を示す。すなわち、去勢雌のにおいをかぐよりも、その倍くらいの時間を発情雌のにおいをかぐことに費やす。

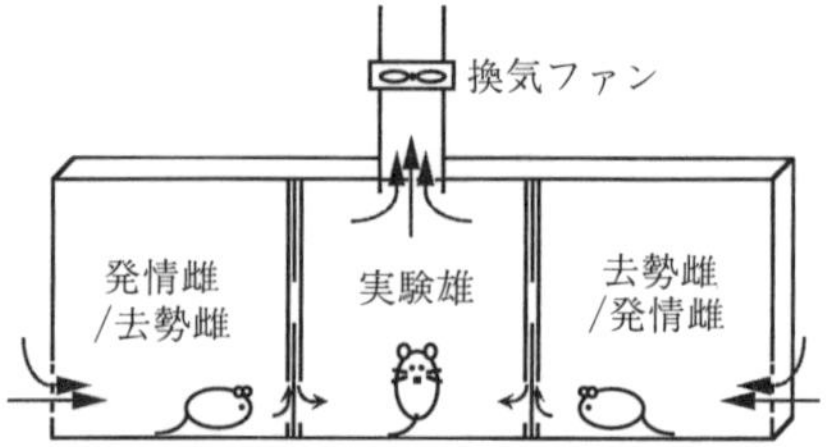

図 1.11　異性のにおいに対する嗜好性テストの実験装置

発情雌のにおいは、雄を雌のほうに引き寄せるだけではない。実際に性的な覚醒《かくせい》（興奮）をもたらすようである。雄ラットは、発情雌のそばに置かれると、実際に雌との物理的な相互作用なしでも勃起が誘発されるという現象が報告されている（非接触性勃起）[39]。初期の実験では、雄雌の間の仕切りとして二重の金網を用いていたが、われわれの嗜好性テストのように仕切りを不透明な板に換えたり、発情雌の下喉頭神経を切断して超音波を含むすべての発声を止めてしまっても勃起が誘発されることがわかっている[22]。また、刺激に使う発情雌をペントバルビタールのような麻酔で眠らせてしまっても約半分の雄で勃起が観察され[38]、刺激雌の代わりに発情雌から採取した新鮮な尿を提示しても、持続時間は短くなるが、やはり勃起が誘発される[22]。発情雌のにおいは、非接触性勃起を引き起こす重要な刺激となっているのである。

また、雄ラットのケージに発情雌を入れたかごを入れておくと、その後の交尾行動テストでは射精までの潜時（性行動を開始してから射精に至るまでの時間）が有意に短くなることが報告されている[11]。この研究では、雌の姿や声のほか、金網の小さな穴を通して雄と雌とは触れあうことができるなど、におい刺激の純粋な効果であるとはいえないが、おそらく発情雌のにおいが大きな役割を果たしていることが想像される。

二つの化学感覚受容器

ラットの化学物質の感覚受容器は、味覚も含めて三つある。このうち、鼻部にある二種類の受容器が社会行動に大きな役割を果たす化学感覚受容器である（図1・12）。一つ目は、嗅粘膜上皮にある嗅覚受容器、いわゆるにおいを感じる器官である。息を吸ったとき一緒に鼻腔《びくう》に入ってきた化学物質を刺激として受容する。二つ目は、左右の鼻腔を仕切っている中隔と呼ばれる壁の基部に横たわっている鋤鼻《じょび》器とか、ヤコブソン器官とか呼ばれる感覚受容器である。多くの哺乳類、両生

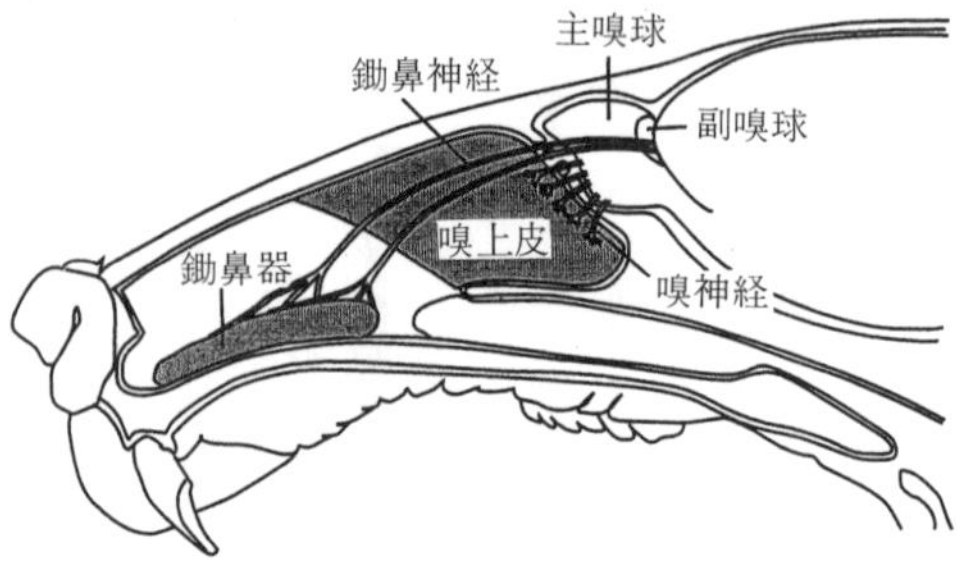

図1.12　齧歯類の鼻部の矢状断。鼻中隔の基部には鋤鼻器，鼻腔の後方には嗅上皮という2種類の化学感覚受容器があり，それぞれ異なる神経支配をもっている。

類、爬《は》虫類などに見られ、フェロモンを受容していると信じられている。魚類や鳥類、一部の両生類、そして霊長類などでは見つかっていないが、最近、ヒトでもこの鋤鼻器に対応するものが見つかったとして話題になった。しかし、それが本当に機能しているかどうかは、まだわかっていない。たとえ機能していてもほとんど意識にはのぼらないのであろう。そのためか、これを嗅覚というかについてはいろいろと論議をよぶところで、鋤鼻嗅覚系とか鋤鼻感覚系とか、いまだに正式な名称は決まっていない。

鋤鼻器がフェロモン受容器であると述べたが、少なくとも齧歯《げっし》類においてはそれほどはっきりとした確証があるわけではない。性行動に対する影響としては、ハムスターにおいてよく研究されている。硫酸亜鉛水溶液を鼻腔内に注入して嗅上皮を破壊してしまうと、無嗅覚症の動物がつくれる。無嗅覚症の動物は、お腹が減っていても隠されている餌《えさ》を見つけることができない。しかし、この無嗅覚症ハムスターでも性行動はあまり影響を受けていない(36)。鋤鼻器の役割も同様で、外科的に鋤鼻器を取り除いたり、鋤鼻器から脳に入る神経を切ってしまっても、研究者によって効果があったりなかったりと性行動に対する影響はどうもはっきりしない。しかし、鋤鼻神経の切断と硫酸亜鉛の鼻腔内処置の両方を組み合わせて、すべての化学感覚情報の入力をなくしてしまうと、ハムスターの性行動はほぼ完全に消失する。このことから、性行動には鋤鼻器か嗅上皮かという二者択一的なものではなく、ハムスターは鋤鼻器と嗅上皮両方の入力を総合して性行動を調節しているのであろう。

ラットの非接触性勃起を引き起こす刺激入力については、われわれの最近行った研究がある。[22] 硫酸亜鉛によってラットの嗅上皮を破壊してしまうと、六〇％以上の動物で勃起が消失した。一方、鋤鼻器の外科的摘除によって勃起を示さなくなった動物は、およそ三五％だった。これは、対照群と比べて統計的に有意な減少とはいえない。もちろん、統計的に有意でないということだけで鋤鼻器の関与をまったく否定することはできないが、少なくとも非接触性勃起の惹起には、鋤鼻器よりも嗅上皮からの入力が深くかかわっていると考えられる。

性行動については、硫酸亜鉛の鼻腔内処置がラットの性行動を抑制することが報告されている。[43] しかし、十分に性経験を積ませ、あらかじめ性行動をよく行う動物のみを使用した場合には、硫酸亜鉛処置が性行動に与える影響はほとんどなくなってしまう。[22] また、鋤鼻器についても、外科的摘除は性的に未経験なラットでは効果があるものの、[40] 経験を積んで性的に活発な雄では効果はみられない。[22] このようにラットの性行動の場合には、発情雌のにおいは、経験の少ない初期において特に重要であるが、性経験を積んだ後、ラットは嗅覚情報のみにたよらず、発情雌ラットが発するさまざまな信号を総合的に判断して性行動を行っていると思われる。

それでは、経験を積んだラットにとって発情雌のにおい刺激は、もはや重要ではないのであろうか。非接触性勃起を性的未経験動物と性経験動物で比較すると、性経験を積んだ動物のほうがずっと成績がよい。性経験を積んだ雄にとって、実際に発情雌を目の前にしてしまえば、もはや雌のにおいなんてなくても経験によって性行動は行えるが、発情雌のにおいによって引き起こされる交尾に対する期待感は、性的未経験な動物よりもずっと高いのではないかと思われる。

においの情報処理系

嗅上皮で受容された発情雌のにおい刺激は、嗅神経を通って脳の主嗅球に伝えられる（図1・12）。主嗅球からの軸策は、さらに嗅球前核、嗅結節、梨状葉《りじょうよう》皮質、嗅内皮質、そして扁桃体皮質核などに幅広く投射する。一方、鋤鼻器で受容された刺激は、鋤鼻神経を通って副嗅球という領域に伝えられる。そして副嗅球へと伝えられた鋤鼻感覚情報は、扁桃体内側核で中継され、さらには分界条とよばれる線維束を通って分界条床核、内側視索前野、視床下部腹内側核へと運ばれる。

すでに前項で議論したように、齧歯類の場合、鋤鼻器の入力を取り除いても性行動に対する影響はそれほど決定的でないにもかかわらず、鋤鼻器が注目される原因は、実はこの神経系にある。雄の性行動を調節している神経系が後者の鋤鼻器に始まる鋤鼻神経系（副嗅球→扁桃体内側核→分界条床核→内側視索前野）に一致するからである（非常に興味深いことに、脳の性差はこの鋤鼻神経系をなぞるように発見され、また、子育て行動もこの神経系によって制御されている）。われわれの研究でも、内側視索前野や扁桃体内側核を破壊してしまうと、雄ラットの性行動はほとんど完全に消失してしまうことがわかっている[17, 20]。

それでは、鋤鼻器からの入力が性行動に決定的でないのに、どうして鋤鼻神経系は性行動制御と深くかかわっているのであろうか。著者は、嗅上皮からの嗅覚情報も鋤鼻神経系に多く入ってきていて、鋤鼻神経系は、嗅上皮・鋤鼻器の両方の情報を処理しているのではないかと考えている。これに関してわれわれの行った実験をひとつ紹介しよう[21]。

脳の神経細胞が活動すると、活動後一―二時間でFosと呼ばれるタンパクが合成されることがわかっている。これを目印に神経活動を知ることができる。動物に性行動を行わせ、一―二時間後に脳を固定し、スライスをつくってこのFosタンパクを染め出してみると、性行動中に活動していたニューロンが同定できるのである。

われわれは、鋤鼻器を取り除いた雄ラットに性行動を行わせ（前述したように、鋤鼻器を取り除いても性経験をもつラットは性行動をほとんど正常にできる）、副嗅球におけるFosタンパクの発現を調べてみた。

鋤鼻器の感覚細胞は、副嗅球の僧帽細胞層にある僧帽細胞にシナプスを形成する（図1・13）。僧帽細胞に伝えられた信号は、さらに高次の扁桃体内側核へと伝えられるとともに、顆粒細胞層で顆粒細胞と相反シナプスを形成する。相反シナプスとは、興奮・抑制の反対の機能をもつ双方向性シナプスのことで、僧帽細胞から顆粒《かりゅう》細胞へはグルタミン酸作動性の興奮、逆に顆粒細胞から僧帽細胞へはガンマアミノ酪酸《らくさん》（GABA）作動性の抑制の機能をもつ。

鋤鼻器をとられたラットの僧帽細胞は、入力がまったく断たれるわけで、たとえ性行動を行ったとしても性行動によるFos発現の増加は見られないと予想される。しかし、結果は予想とは異なり、僧帽細胞層のFos陽性細胞数は、鋤鼻器の有無にまったく影響されなかった（図1・14）。一

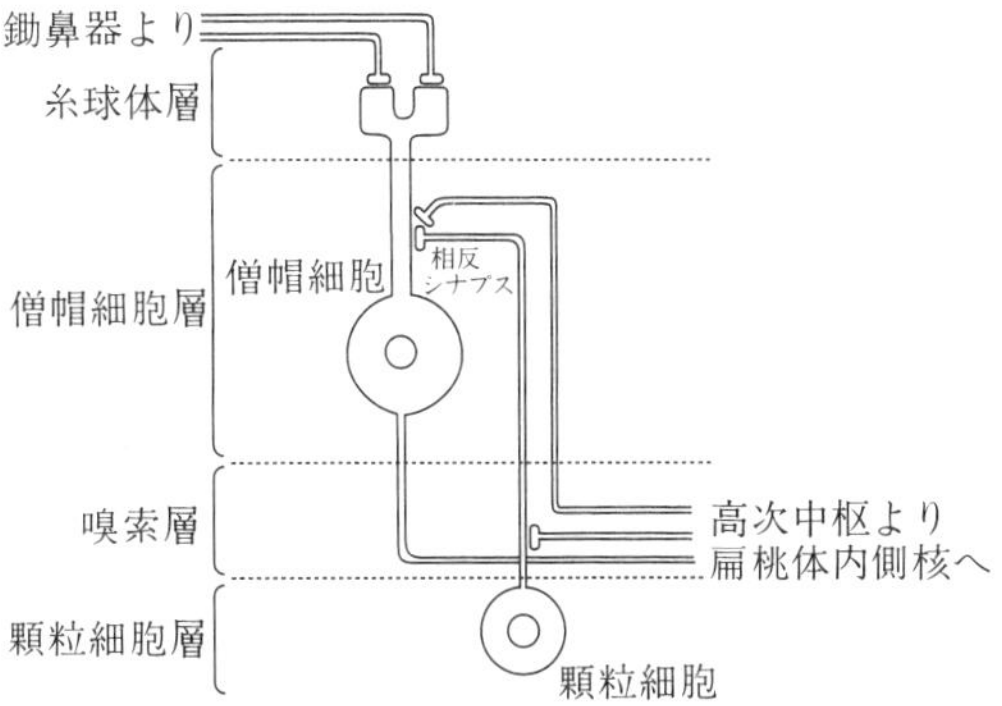

図 1.13　副嗅球における神経回路。鋤鼻器の感覚細胞は，脳の副嗅球にまで軸索をのばし，糸球体層で僧帽細胞にシナプスを形成する。僧帽細胞は，その信号を扁桃体内側核に伝えるとともに顆粒細胞と相反シナプスを介して興奮を調節している。

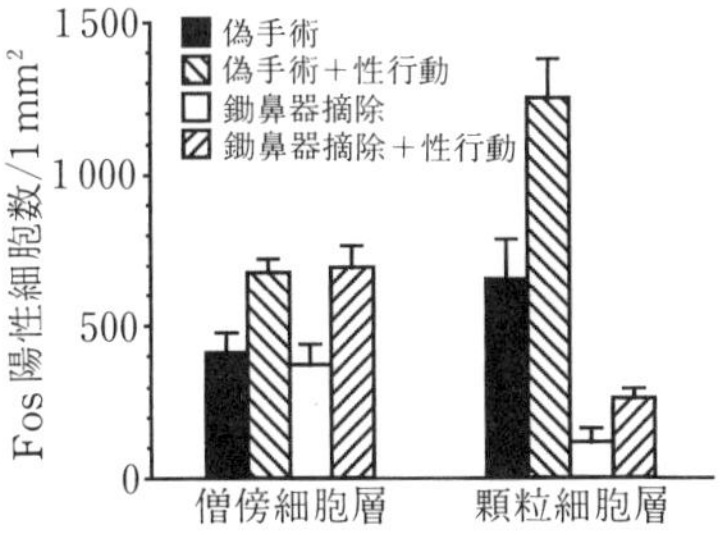

図 1.14　性行動後における副嗅球のFosタンパク発現と鋤鼻器摘除の効果。僧帽細胞層では，鋤鼻器摘除の効果はまったくみられず，性行動によるFos発現の増加が観察された。

方、顆粒細胞層のFos陽性細胞数は、確かに鋤鼻器摘除によって減少していた。このことは、鋤鼻感覚系の二次ニューロンのレベルですでに鋤鼻器以外からの信号が処理されていることを示している。現在のところ、この僧帽細胞の活動が脳のどこの領域の活動によって引き起こされるのかはわかっていない。今後、特に嗅上皮に始まる主嗅覚系と鋤鼻神経系がどのように情報交換をしているか、さらに調べていく必要があるだろう。（近藤保彦）

(c) 勃起のメカニズム

ラットのペニスと勃起

雄の性行動にとって、ペニスの勃起は不可欠な要素である。勃起がなければ、雌の膣《ちつ》への挿入が成立せず、まして受精は成り立たない。この勃起というのは、どのような現象でどのように調節されているのであろうか。実はこの勃起については意外なほどわかっていない。ここでは、われわれが実験に用いているラットについて、これまでにわかっていることをまとめてみることにする。

勃起は、一般に知られるように海綿体内の充血によって生じる。ラットの海綿体構造はヒトときわめて類似していて、陰茎海綿体と尿道海綿体という二つのパーツからなる（図1・15）。陰茎海綿体は勃起の主体となる部分で、ペニスを起きあげる役割がある。尿道海綿体は、尿道を取り巻き、亀頭を形成する。これらの海綿体は、白膜と呼ばれる強い結合組織に包まれている。勃起は、この海綿体内に血液が流入することによって起こり、それによって白膜のまわりにある流出静脈が圧迫され、逃げ場を失った血液によって勃起が維持される。

ちなみに、昨今、巷を騒がすバイアグラは、陰茎海綿体に特異的に存在するホスホジエステラーゼ5という酵素の働きを抑制することによって、サイクリックGMPの低下を抑える。このサイクリックGMPは、血管平滑筋を弛緩《しかん》させ、海綿体への血液流入量を増やすため、勃起を引き起こす。しかし、このサイクリックGMPは、神経伝達物質である一酸化窒素がグアニル酸シクラーゼに働くことによってつくられるため、神経からの信号なしではサイクリックGMPは増えない。すなわち、性的な刺激によって神経が活動しないと勃起しない。この点がこれまでの勃起不全治療に使われてきた塩酸パパベリンなど非特異的な薬品と大きく違う点であり、夢の薬とうたわれるゆえんである。

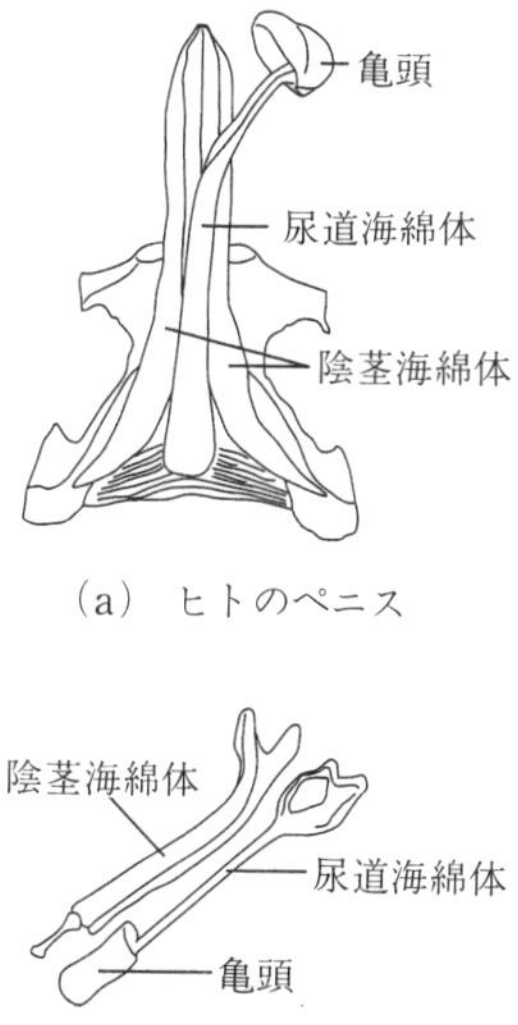

(a)　ヒトのペニス

(b)　ラットのペニス

図1.15　ヒトとラットのペニスの海綿体構造。文献35)(ヒト) および14)(ラット) よりトレース。

勃起時の海綿体内圧は、ラットの場合、三〇〇—四〇〇ミリメートル水銀柱、あるいはそれ以上になることもあり、[4]心臓の収縮時血圧よりもはるかに高い。これは海綿体基部を取り巻く筋組織が勃起とともに収縮し、海綿体内圧を押し上げるためである。陰茎海綿体には坐骨海綿体筋、尿道海綿体には球海綿体筋とよばれる筋組織がこの内圧上昇にかかわっている。

さて、ラットのペニス勃起はどのように観察したらよいか。一つは、性行動を観察することである。雄ラットを発情雌と一緒にすると、雌を追いかけ、マウントする。しかし、よく見るとマウントの直後、雄は雌から後ろに飛び退けることがある。このとき、雌の膣にペニスの挿入がなされたのである。この定型的な行動によって、挿入のなかったマウントと挿入のあったマウント（イントロミッションとよぶ）とを区別することができる。雄ラットは、このマウント、イントロミッションを何度も繰り返して、最終的に射精に至る。

もちろん、挿入が行われたということは勃起があったわけで、射精までの全マウントのうち、どのくらいの割合でイントロミッションがあったかの比率を求め、勃起機能の目安とすることがあり、イントロミッション比とか交尾ヒット率とよばれる。しかし、あくまでも行動を目安にしているわけで、もう少し直接観察する方法はないであろうか。イントロミッションを伴わないマウントのときには本当に勃起が生じていないのであろうか。

そこでわれわれは、性行動中に前述の坐骨海綿体筋、球海綿体筋の筋電図活動を計測した[34]（図

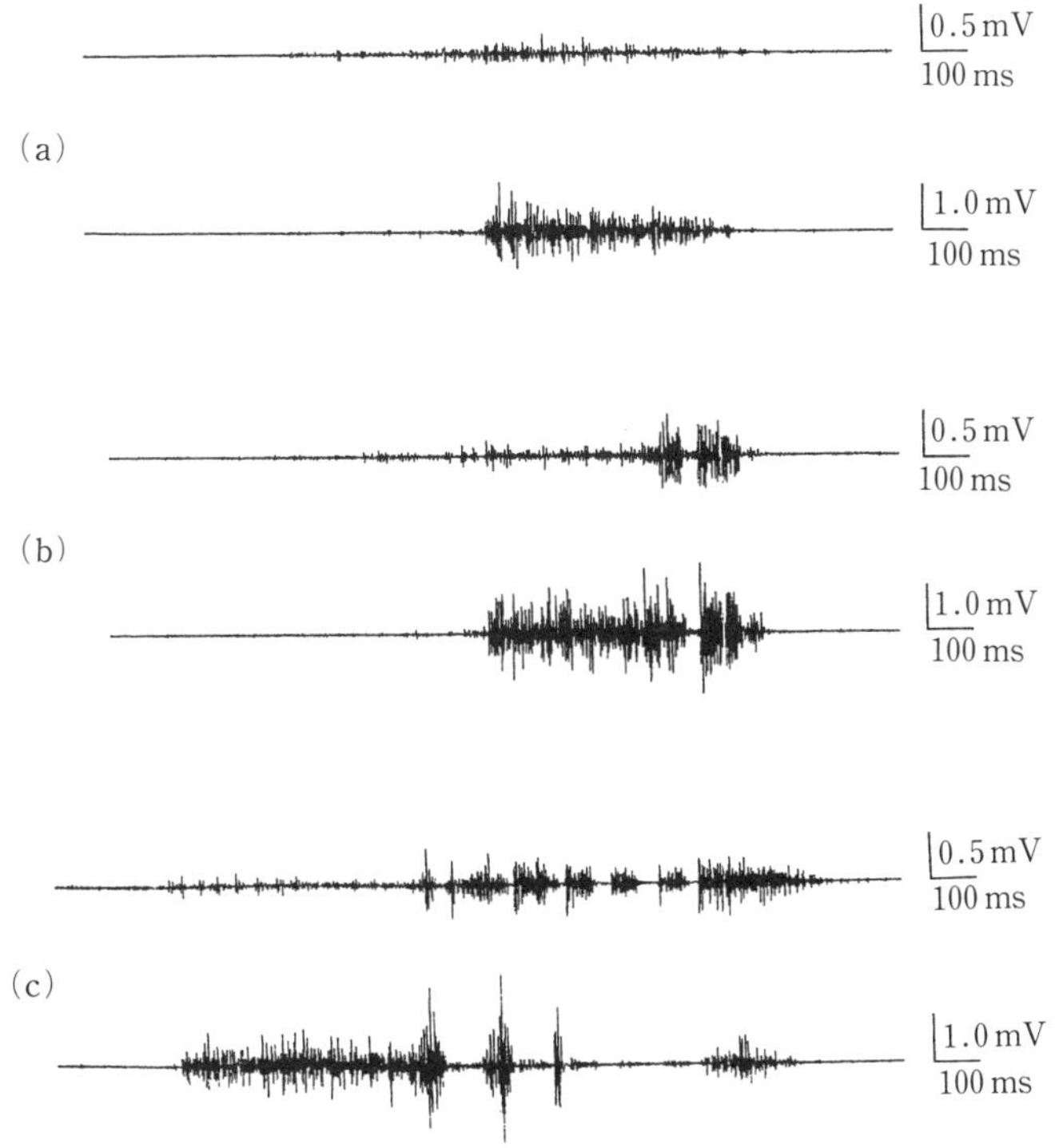

図 1.16　ラットの性行動中の会陰筋筋電図。(a) マウント，(b) イントロミッション，(c) 射精。

1・16)。これらの筋電図から、ペニスの挿入を伴わないマウントでも、明らかに勃起が生じているのであって、イントロミッション比の低下は必ずしも勃起障害を表していないことが明らかである。

さらに、マウント、イントロミッション、射精で筋電図は独特のパターンを示すことがわかった。マウント時の筋電図は、マウントに伴って坐骨海綿体筋と球海綿体筋にも徐々に振幅を大きくし、さらに坐骨海綿体は突然、大きな振幅にシフトする。イントロミッション時もほぼ同じパターンをたどるが、最後に坐骨海綿体筋、球海綿体筋で同期した振幅の急増が生じ、短い休止期をおいてさらにもう一度大きなバーストを示し、そして急速に終息する。この最後の部分については、現在、まだ証拠はつかめていないが、おそらく挿入に伴うペニスからの感覚刺激によるものではないかと考えている。射精も途中までの進行は、イントロミッションとほぼ同様だが、最後のバーストの後、休止とバーストが何度も繰り返され、その間隔は坐骨海綿体筋と球海綿体筋で同期しない。最後の部分は、精液の射出に対応するものと思われる。

古くから行われているもう一つの勃起テストに、ペニス反射という現象がある。ラットのペニスは、普段は腹部に埋もれているが、仰向けに固定してペニスを包皮から露出させ、そのままの状態にしておくと五―十分で勃起が生じる（図1・17)。これは、露出するという刺激と、ペニスの基部を圧迫するという刺激が組み合わさって生じると考えられている。

ペニス反射では、大きく分けて勃起とフリップという二種類の反応が現れる。ここで勃起とは、亀頭の充血を指し、勃起が最高潮に達すると亀頭はカップの形状となる。また、フリップは、ペニスの反り返る反応で、このとき、亀頭の腫脹《しょうちょう》はまったく観察されない。この勃起、フリップ、どちらの反応も一回の持続時間はたいへん短く、一—二秒である。ペニス反射では、この反応が立て続けに数十秒続き、そしてしばらくの休止の後、再び反応が現れるというパターンを繰り返す。

ペニス反射と類似した反応では、交合反射と呼ばれる反射が知られている[7]。これは、脊髄を切断したラットの尿道にカテーテルを挿入し、一秒間に二—三回のペースで五ミリくらい前後に動かす

(a) (b) (c)

図 1.17 ラットのペニス反射。(a)：ペニスを包皮から露出させた状態。まだ，反射は起きていない。(b)：勃起が生じた状態。勃起のピーク時には，亀頭がカップ状に腫脹する。(c)：フリップとよばれるペニス反射。

と、その機械的な刺激で坐骨海綿体筋と球海綿体筋の発火が生じ、海綿体内圧が上昇するというものである。この反射は雌にも認められ、雌の場合には、同じ尿道刺激が陰部神経の発火と子宮・膣の律動を生み出す。

最近では、前述したラットの非接触性勃起という現象が注目されている。これは、心因性勃起のモデルとして考えられたもので、物理的にペニスを刺激することなしに、発情雌のにおいだけで引き起こすことができる。しかし、ウィスター系やSD系などのアルビノラットでは生じにくいようで、ロングエバンス系などの有色ラットではよく観察されるが、その原因はまだはっきりしていない[37]。

雄ラットは、発情雌の近傍におかれると、だいたい五分くらいの潜時の後に自発的な勃起が生じる。典型的な勃起反応では、雄ラットは臀《でん》部またはかかとを持ち上げるようにしてペニスをグルーミングし、臀《でん》部《ぶ》の律動が観察される。勃起はこの行動パターンに随伴して生じるため、実際のペニスを観察しなくても行動パターンによって判断しうる[4]。通常、行動パターンは十五秒から三十秒持続し、約五分間隔で繰り返される。この持続時間の間、ペニス反射のような立て続けの反応が生じていると思われる。

勃起を制御する神経系

ペニスには、副交感神経系として骨盤神経から骨盤神経叢に、交感神経系として下腹神経から骨盤神経叢に投射があり、この骨盤神経叢でシナプスを介し、海綿体神経を通ってペニスに投射する(図1・18)。また、交感神経幹からの節後線維は、骨盤神経および陰部神経を介してペニスへと投射する(中枢からの神経は、神経節でシナプスを介してつぎのニューロンに信号を受け渡す。信号を渡す側の神経線維を節前線維、渡される側のニューロンから出る神経線維を節後線維という)。

坐骨海綿体筋、球海綿体筋の運動ニューロンは、それぞれ腰髄L5—L6の背外側核、球海綿体脊髄核にあり、脊髄を出た後、陰部神経を通って筋肉を支配する。また、ペニスの感覚神経である陰茎背神経は、陰部神経を通って脊髄に入る。

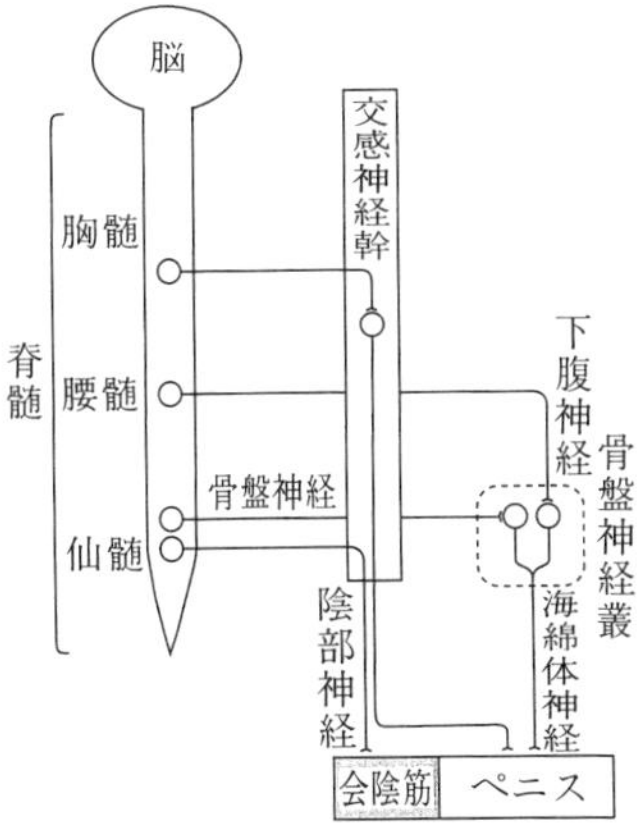

図1.18　勃起を制御する神経

副交感神経の興奮が勃起を起こし、交感神経が抑制していると考えられている。一般的な臓器では、節前線維の伝達物質は、交感・副交感神経ともアセチルコリン、節後線維については交感神経がノルアドレナリン、副交感神経がアセチルコリンであることが知られているが、アセチルコリンの勃起に対する役割はあまりはっきりしない。骨盤神経層を上位から分離し、セロトニンのアゴニストmCCPを与えると海綿体神経が発火し、海綿体内圧が上がるという報告から、セロトニンがこれに関与していることも示唆されている(41)。

このほか、VIP、NPY、サブスタンスPなども血管拡張作用があり、ペニスにも多く分布している。また、最近では、特に一酸化窒素も伝達物質として注目されるようになった。これは、前述したようにサイクリックGMPを介して血管平滑筋を弛緩させ、血液の海綿体流入を増加させることによって勃起を引き起こす。これらとは反対に、交感神経系から出されるノルアドレナリンは、血管平滑筋を収縮させて勃起を消沈させる。

脊髄を胸髄のレベルで破壊してしまって脳からの刺激を除いても触刺激によるペニス反射は生じることからもわかるように、これらの勃起発現回路は、脳からの指令がなくても単独で動作する。しかし、では勃起は脳の調節を受けていないかというと、そうではない。脊髄を切断するとペニス反射の潜時が短くなることから、脳は脊髄勃起回路に対して常時、抑制をかけていると考えられ(抑制系)、また、性的なイマジネーションだけでも勃起が生じることからも明らかなように、脳は脊髄勃起回路を始動させる（興奮系）。

延髄網様体の外側傍巨大細胞網様核を破壊してしまうと，ペニス反射の潜時を短くし，また，回数を増やす。また，脊髄を切断していないラットでは，交合反射はほとんど起きないが，外側傍巨大細胞網様核を破壊すると生じるようになる。これらのことから，外側傍巨大細胞網様核が，脳の脊髄勃起回路に対する抑制系と考えられている[31]。外側傍巨大細胞網様核から脊髄に対する投射は，セロトニンを伝達物質とするニューロンで，セロトニンが勃起回路を抑制していると考えられる。脊髄では興奮に働いていたセロトニンが，脳では勃起を抑制すべく調節している。

一方，勃起回路の興奮系としては，性行動神経調節回路との関係で調べられている。麻酔したラットにおいて，性行動の発現に最も重要とされる内側視索前野を電気刺激すると，陰茎海綿体内圧の上昇が観察される[13]。また，内側視索前野を興奮性アミノ酸で刺激すると，脊髄や外側傍巨大細胞網様核が無傷でも交合反射を起こすことができる[32]。しかしながら，内側視索前野の破壊は，性行動を完全に抑制するにもかかわらず，雌のにおいで生じる非接触性勃起には効果がない[26]。

非接触性勃起には，扁桃体内側核が重要なようである。扁桃体内側核を破壊すると，非接触性勃起は完全に消失する[18]。現在のところ，扁桃体内側核の刺激がペニス反射や交合反射に及ぼす影響は知られていないが，今後，扁桃体内側核と脊髄勃起回路とがどのような相互作用をもつか，さらに調べていく必要があるだろう。

これらのほか、さまざまな行動薬理学実験から、アポモルフィンなどのドーパミンアゴニスト、mCPPなどのセロトニンアゴニスト、そしてオキシトシンが勃起を惹起されること[19]、海馬体アンモン角の電気刺激が海綿体内圧を上昇させることなどが知られている[9]。海馬体―中隔野のコリン作動性投射がこれら薬物で引き起こされる勃起にかかわっているようである[27]。

しかしながら、これら薬理学研究の知見は、現在のところ、まだ性行動研究の知見と統合されるに至っていない。これらの脳の領域を破壊しても、性行動や非接触性勃起にはあまり影響を及ぼさないのである。このように、勃起に関する脳における調節機構は、まだまだわからないことが多い。また、それぞれの研究で得られた知見の間の関係も不明である。今後、これらをまとめて、動物がペニスの勃起を示すとき、いったいどのような部位でなにが起きているのかを明らかにしていかねばならない。脳における勃起調節機構の研究は、まだ始まったばかりなのである。(近藤保彦)

2　性　分　化

〔1〕　はじめに

性はなんのためにあるのかとたずねれば、人類の種を維持するためにあるという答えが多くの人から返ってくる。もし、すべての性行動を明日から中止してしまうとすれば、人類はごく短期間に絶滅してしまうことは確かである。

地球上の生物は、進化の過程で、自然淘汰の圧力を受けて生き続けてきた。その生命を存続させる手段として性がある。繁殖の手段として、有性生殖は自然界におけるごく普通の現象であるけれども、生命体の起源から、その初期の時代では、性のない状態で増殖が行われていたにちがいない。それは、現在の無性生殖を行っている生物とはかなりちがった増殖の仕方であっただろう。

無性生殖で生じた個体では、親の生殖細胞に突然変異が起きない限りは、親とまったく同一の遺伝子の組合せをもつことになる。したがって、そのまま繁殖を続けていくとすると、同一の遺伝子の組合せをもった大きな集団が生き続ける。その集団が遺伝的に優れたものであれば生き残る可能性はあるかもしれないが、突然変異が生じた場合、それがプラスに働くかマイナスに働くかによって、その集団の将来は容易に左右されることになる。さらに、長期的にみた場合には、地球の環境の変化の歴史を考えると、無性生殖は生殖様式としては有利な方法といえないであろう。

無性生殖では、基本的に遺伝的に同一の個体しか生まれないのに対して、有性生殖の過程は、個体が生じる時点で、必ず遺伝情報の混合が起こり、遺伝子レベルで両親とは異なる子孫が生みだされる。さらに、生殖細胞が生じるための減数分裂では高頻度の遺伝子組換えが起こるので、精子と卵子が受精して、遺伝子情報が混合する際に、無性生殖の子孫と比べてはるかに多様な子孫が生じることになる。このような多様性に富んだ子孫を生みだすことは、長期的な視野に立って、環境の変化に適応できる個体の出現を高めることになり、種の存続を有利にし、進化の過程を生きぬくことができるわけである。その意味で、生物界に、雄性と雌性という二つの性が存続することは、きわめて重要な機構であるといえる。

雌性と雄性への分化は生殖細胞や生殖腺原基の分化発生から始まることであるが、個体としての性分化は個体発生の過程における種々の器官における性差の発現の集積結果なのである。

性分化の過程を哺乳類を中心に考えてみると、だいたい四つの段階に分けることができる（表2・1）。一番はじめにくるのが受精時代に決まる遺伝子的性であり、これは性染色体の組合せの性である。つぎにくるのは生殖腺であって、精巣ができるか、卵巣ができるかであって、これは最も重要な決定である。最近、ＸＹ女性やＸＸ男性の性染色体の分子遺伝学的解析によって、生殖腺原基を精巣に誘導する精巣決定因子（testis determining factor, TDF）としてSRY（sex determining region of Y choromosome）遺伝子が初めて同定された。このことについては〔2〕(b)項で詳しく述べられる。

精巣か卵巣かの決定に応じて起こるのが、身体的性であり、内部生殖器や外部生殖器を中心とした性分化である。SRYより上位に働いて生殖腺原基の形成に関係するいくつかの遺伝子が判明しているが、内部生殖器や外部生殖器の性分化に決定的な役割を果たすのは、精巣から分泌される二種類のホルモンである。この時点では遺伝子情報がホルモンに翻訳されて働くわけである。この問題に関しては〔2〕(a)項で、そのメカニズムが詳しく述べられている。

表 2.1　ヒトの性分化

①	遺伝的な性 性染色体の性（XY, XX）
②	生殖腺の性 精巣，卵巣
③	身体的な性 内部生殖器，外部生殖器
④	脳の性 内分泌調節，行動，心理

出生した個体の性が生殖器官の形態と機能だけで決定されるわけではない。1章で述べられた行動的な性分化もその個体の性を形成する重要な要因である。したがって、身体的な性のつぎにくるものは、脳の性である。内分泌機能調節や性行動のように生殖に関係するものばかりではなく、雄的あるいは雌的な行動のパターンの分化が起こる。特にヒトの場合には、単に、男らしさ、女らしさといったものばかりでなく、性の自己認知による精神活動も脳の性分化の重要な問題であり、ジェンダー・アイデンティティやヒューマン・セクシャリティを考える場合には、生物学的側面ばかりではなく、社会的因子も考慮に入れねばならないわけである。これらの問題に関しては〔4〕節で述べられている。（新井康允）

〔2〕 からだの性分化

(a) 生殖器官系の性分化

はじめに

性といえばまず男と女、あるいは雄と雌が頭に浮かぶ。英語で性を意味するセックスという言葉の語源は、「分ける」とか「割る」という意味のラテン語に由来する。多くの生物は卵と精子を合体させて一個の子を誕生させるわけだが、それと同時に、生まれる子が将来の卵生産者となるか精子生産者となるか、すなわち性の決定が行われている場合が多い。しかし生物界を広く見渡してみると、雄（精子生産者）と雌（卵生産者）の二型のみが性のすべてではないわけであるが、ここでは個体の性分化が比較的安定している哺乳類の、雌雄における生殖器官系（生殖腺を含めた生殖活動に関連する種々の器官の総称として用いるが、場合によっては生殖腺を除いた器官のみを指して使用している）の性差形成を中心に述べることにする。

多くの動物は性染色体構成の違いによって、雄か雌に分化している。哺乳類はＸＹ型の性染色体構成をもち、雄が異型のＸＹ、雌が同型のＸＸ型であり、受精の際にどちらの型になるかは多分偶然に決定される。しかし遺伝的な性にかかわらず発生初期の未分化な生殖器官系の原基は、雄型あるいは雌型どちらにでも分化できる潜在能力、言い換えれば性転換できる能力をもっている。この能力は性的両能性といわれるが、哺乳類のように性染色体の分化が進んだ動物種では機能的および形態的に完全な、遺伝的な性に逆らった性転換は起こらないので、両能性をもつといっても部分的な転換が起きる場合があるということになる。

生殖腺の分化

哺乳類の生殖腺は主として三つの要素からできている。すなわち無数の生殖細胞、皮質および髄質である。精巣は陰嚢の中にあり数層の膜で覆われており、外側は単層扁平上皮と少量の結合組織からなる漿膜で、その内側はコラーゲン繊維からなる厚い結合組織の層で白膜とよばれる。白膜は結合組織の板を精巣中に延ばし、一定の区画の枠組みをつくり精巣内部を小葉に分けている。その一つは精巣の後面から正中方向に延びた精巣縦隔で、精巣を不完全な左右両葉に分け、中に精細管から精液を集め輸精管に送り出す精巣網をもっている。この精巣縦隔を中心に、精巣中隔とよばれる板が放射状に延びて小葉をつくる。小葉の中には精細管と、主として結合組織からなる間質がある。精細管の中には生殖細胞やセルトリ細胞があり、間質はライディヒ細胞（間細胞）、血管、リンパ管、神経などで構成されている。

一方、卵巣は外側には単層の扁平ないし立方型の細胞よりなる生殖上皮（はじめは生殖細胞を産生すると考えられて名付けられたが、そうではないということが判明した後も歴史的な名称として残っている）があり、その内側は精巣と同様にコラーゲン線維からなる結合組織の薄い層である白膜からなる。白膜の内側は沪胞や黄体、および血管、リンパ管、神経などを含む結合組織の層で皮質とよばれる。皮質の内側は卵巣門部から入る多くの血管、神経、胎生期の髄索の残りなどを含む髄質といわれる結合組織であるが、皮質との境ははっきりとしていない。卵巣門部という部分は、卵巣が卵巣間膜に接する部位で、血管、リンパ管、神経の卵巣への出入り口になっている。

生殖腺の発生・分化は便宜的に三つの時期に大別される。第一期は未分化生殖腺期ともいわれ、この時期に将来、卵や精子となる特別な細胞集団である原始生殖細胞が、ヒトでは胎生三―四週（マウスでは胎生八日）に、胚芽《はいが》の腹側に存在する内胚葉性胚体外膜である卵黄嚢の、尿膜膨出部に近い壁の体細胞から分化発生するとされる（原始生殖細胞の起源についてはまだ決定的な証明はなく、中胚葉起源という説もある)。原始生殖細胞は脂肪に富んだ大型で紡錘型の特徴ある形態をしており、胎生五週ごろに後腸壁へ移動し、ついで背側腸間膜に沿って生殖腺原基が生じる場所へ移動してくるといわれている。一般的に移動はアメーバ様運動によると考えられているが、経血管移動などの可能性も示唆されている。原始生殖細胞はこの移動中に細胞分裂を繰り返して数を増し、胎生第六週までには生殖原基への移動が完了する。原始生殖細胞の分化、移動および生殖腺原基への定着には複数の遺伝子の関与が知られている。生殖細胞の分化にかかわる遺伝子は、後に述べる生殖器官系の分化とは異なり、たとえば進化的にかなり離れていると考えられるヒトとショウジョウバエでも相同性が認められる。

一方、生殖腺原基の発生は雌雄共に胎生四週の末ごろ、胎児の中間中胚葉由来の原始腹腔である体腔上皮の上背面の中腎《ちゅうじん》部分が、内側の間充織側へ隆起することで始まる。この隆起は体腔上皮層細胞とその下層の間充織の増殖・肥厚によるもので、生殖隆起(生殖巣原基あるいは生殖堤)とよばれる。このようにしてできた生殖隆起部分の体腔上皮層細胞は、ヒトの指のような形状に増殖し、その背方の粗な間充織に侵入して無数の細胞索(第一次性索あるいは髄質索とよばれる)を形成する。このころ(胎生六週)、移動してきた原始生殖細胞が、この細胞索の中に取り込まれ定着する。このように胎生六週までの未分化生殖腺は雌雄共通の形態をとるため性差は見られない。

第二期は生殖腺の分化・発育する時期で、この時期から雌雄における発生状態の差が現れ始める。すなわち精巣の分化は一足早く胎生七週から開始するが、雌の未分化生殖腺の発達は遅く、胎生十週になり卵巣としての特徴的な形態を取り始める。精巣を形成する場合は、出現した第一次性索が胎生八週まで増殖を続け、分枝したり融合しながら結合組織の内深くまで伸長し、その中心部は精巣網を形成する。やがて第一次性索は体腔上皮下に形成された白膜によって生殖隆起との連絡を絶たれる。この白膜の形成が精巣への分化の証であり、生殖腺内部で第一次性索は原始生殖細胞を保持したまま管状となり、後に精細管を形成する。第一次性索の未分化細胞よりセルトリ細胞が分化してくる。また、間充織からは結合組織性の白膜、および精細管の間を埋めるライディヒ細胞ができてくる。もし、原基がそのまま精巣として発生していくならば、生殖腺原基内に侵入せず残った生殖隆起上皮細胞の分化は白膜の発達によって阻止され退化する。

一方、遺伝的にXX型の性染色体をもつ個体の生殖腺原基で、卵巣となる運命にある場合は、一度増殖した第一次性索とその端に形成される卵巣網はやがて退化する。しかし、その退化と同時に、残った生殖隆起の上皮細胞群が再び分裂・増殖を開始し、生殖腺原基内へ侵入し、卵巣皮層（皮索）とよばれる第二次性索（皮質索）が形成されて卵巣への分化が明らかとなる。第二次性索はその中に原始生殖細胞を取り込みながら索状に増殖を続け、卵巣全体を占めるようになるが、やがて胎生十六週ころからその索状構造の分断が始まる。原始生殖細胞は明るい大型の卵祖細胞となり、その周囲は第二次性索の細胞から分化した沪胞細胞で囲まれる（沪胞細胞は間充織から生じるという説もある）。原始沪胞を含む厚い第二次性索は、卵巣の表面を覆う生殖上皮とその直下に形成される白膜によって分離される。この白膜は精巣に形成されたものに比べてはるかに薄い。正常の卵巣の発生過程においては第二次性索が優位になるため、第一次性索は卵巣門部にしか残らなくなる。原始生殖細胞は生殖腺の分化の決定、すなわち第一次の性決定が行われたとき、男性では第一次性索において精子となり、女性では第二次性索とともに卵巣内に侵入、定着して卵子となるわけである（図2・1）。

第三期は卵巣に原始沪胞が発現し、その数を増すとともに、間質の増殖も顕著になる時期で、胎生間質・原始沪胞形成期とよばれ胎生五か月から出生までに相当する。胎生五か月を過ぎると原始生殖細胞は細胞分裂を停止するので、卵祖細胞の新生はみられない。胎生五か月末には、およそ七百万個の卵祖細胞あるいは卵細胞が存在する。卵祖細胞は卵巣内で減数分裂の前期の細糸期→接合期→太糸期→複糸期と進み、沪胞細胞に取り込まれるが、体細胞分裂あるいは減数分裂の過程で細胞変性が起こり、出生時には約二百万個までに減少する。

性の分化という面からみると、生殖腺原基が卵巣になるか精巣になるかというまず第一段の性決定が、性染色体すなわち遺伝子の支配のもとに行われる。哺乳類ではＸＹ型の性染色体をもつ雄の生殖腺原基が、卵巣より先に精巣に分化することが性差形成の鍵を握っているので、いわゆる精巣決定遺伝子の役割が重要となってくるのであるが、その問題については次章にゆずる。しかし、これで以後のすべての性差が決定され、自動的に正常な男女（雌雄）となっていくわけではない。

二次性徴の形成

哺乳類において、生殖腺の雌雄の決定を震源として発生する性分化の波は、生殖輸管系や脳へと

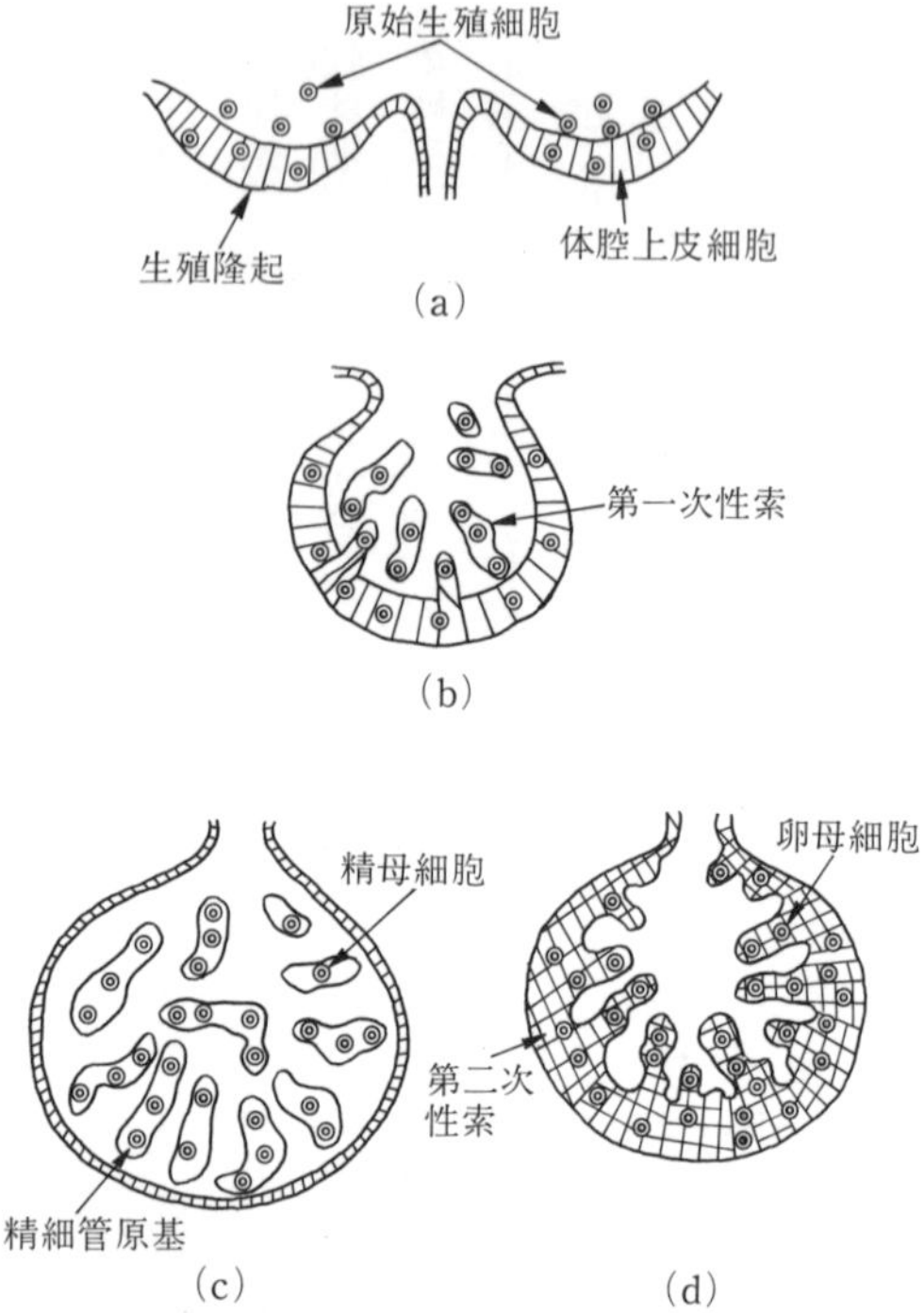

図 2.1 哺乳類の生殖腺の分化
(a) 中腎の腹側を覆う体腔上皮が増殖・肥厚して，内側の間充織側へ隆起したものが生殖隆起である。(b) やがて体腔上皮細胞は原始生殖細胞を伴いながら，さらに伸展して第一次性索を生じる。(c) 精巣になる場合は，第一次性索は増殖を続け精細管となる。(d) 卵巣になる場合は，第一次性索はやがて退化し，第二次性索が発達する。(Balinsky，1970，文献 1) より改変)

つぎつぎと及んでいき、最終的な性差の形成がからだ全体に起こる。性的に未分化なヒト胎児の内部生殖器官系の原基は男女とも同一の構造であり、ここにも性的両能性がみられる。すなわち前項で述べた生殖腺原基、それに将来男性の内部生殖器官系に分化するウォルフ管と、女性の内部生殖器官系に分化するミュラー管とよばれる二対の生殖輸管、および総排泄腔である尿生殖洞とから構成されている。ウォルフ管とミュラー管がそれぞれの性に固有の諸生殖器官に分化していくことが、第二段階の性差形成に際して起こる最も劇的な出来事である。

ウォルフ管は中腎輸管ともいわれ、はじめは中胚葉性の前腎の導管として左右一対形成される。やがて前腎が退化すると、生殖隆起に形成された中腎管と連結するようになり、中腎輸管（ウォルフ管）とよばれる排出管となる。さらに中腎に代わって後腎が形成されると、排出管として中腎輸管とは別に後腎輸管が形成されて輸尿管となるので、ウォルフ管はやがて男性では頭側部において精巣と、尾側部では尿生殖洞と連結して雄性生殖器官系の原基となる。しかし、個体が女性となるべき場合には、ウォルフ管は退化しゲルトナー管として痕跡的に残るだけとなる。

ウォルフ管が形成された後しばらくして、ウォルフ管に沿って体腔上皮の陥入が起こり、ついで陥入した体腔上皮が体腔表面と連結を断って管状構造になり、頭側部は生殖腺原基の側に位置し、尾側部では尿生殖洞と連結して、ミュラー管とよばれる雌性生殖器官系の原基となる。ヒトの場合、ミュラー管としての管状構造が胎生三十七日ころに形成され、五十四日胚で尿生殖洞と連結する。左右一対のミュラー管の尾側部はやがて癒合して一本の子宮膣管を形成する。この子宮膣管が尿生殖洞と連結している部分では、尿生殖洞の陥入が起こりミュラー丘が形成される。一方、個体が雄の場合には、ミュラー管は頭側部の精巣垂と尾側部の前立腺小室とよばれる痕跡的器官を残して退化する。

男性においては、ウォルフ管がさらに分化・発達して精巣上体（副睾丸《こうがん》）、輸精管（精管）、精嚢腺（精嚢・貯精嚢）および射精管となる。ウォルフ管の発達・分化に伴って尿生殖洞も分化を開始し、連結部には精丘、さらに前立腺やカウパー氏腺（尿道球腺）、生殖結節部からは陰茎や陰嚢などが分化する。この雄性生殖器官系の発達に伴い、雄型外陰部の表現型ができあがる。

一方、女性においては、ミュラー管が発達して卵管・子宮・膣の一部に分化していく。双子宮動物では左右に分かれているミュラー管が輸卵管と子宮を形成し、癒合した尾側部からは子宮頚部と膣の頭側部ができる。また、単子宮動物では、左右に分離しているミュラー管が輸卵管となり、癒合している部分から子宮と膣の頭側部が形成される。

一九四〇年代の中ごろから一九七〇年にかけて、哺乳類における生殖輸管系の性分化の仕組みが解明されることになるが、ここでその発端となったJostの有名な実験を紹介しよう。彼はまずウサギの胎児を用いて、前に述べたヒトの場合と同様に雄ではウォルフ管が雄性生殖器官系に、雌ではミュラー管が雌性生殖器官系に分化することを確かめた。そしてつぎに、精巣あるいは卵巣に分化したばかりの胎児生殖腺を摘出するという実験を行った。その結果、摘出した生殖腺の性にかかわりなくウォルフ管は退化し、ミュラー管が分化発達することを見いだした。そこでさらに雄胎児を用いて、分化直後の精巣の片側のみ摘出してみたところ、精巣を残した側にあるウォルフ管は分化・発達し、ミュラー管は退化することが判明した。一方、精巣のない側ではミュラー管が分化・発達し、ウォルフ管が退化するのである。また、つぎの実験として両側の精巣を少し時期を遅らせて摘出してみると、ウォルフ管とミュラー管の両方がある程度まで発達することがわかった。

これらの結果から彼は、ウサギの雄性生殖器官系の分化が、精巣の機能発現に依存していると考えた。そこで胎児精巣に生殖器官系原基を雄化する能力のあることを証明するため、雌胎児の片側卵巣の側に胎児精巣を移植してみたところ、精巣移植側ではウォルフ管が発達しミュラー管が退化すること、逆に反対側ではウォルフ管が退化しミュラー管が発達するという結果を得た。精巣の主要機能の一つはアンドロゲンの産生・分泌であることから、その役割の代用としてアンドロゲンの結晶を上記の実験と同様に片方の卵巣の側に植え込んだところ、移植側ではウォルフ管とミュラー管が共に分化・発達するという予想に反した結果を得た。このため彼は、胎児精巣からアンドロゲン以外の物質が分泌されており、それがミュラー管を退化させるのではないかと考えるに至った。

この物質はミュラー管抑制因子とよばれ、その後 Picon（一九六九年）などにより、ラット胎児を材料とした培養系でのアッセイ法が確立されて研究も一段と進み、精巣のセルトリ細胞から分泌される糖タンパク質ホルモンであることが判明した。さらにミュラー管抑制因子は、動物の成長や分化に関係するある種のタンパク質類と同一のグループに属すことが明らかになった。このグループはβ型形質転換成長因子（TGF-β）とよばれる物質集団である。β型形質転換成長因子の仲間はアフリカツメガエルやショウジョウバエの体内にも発見されており、種の分化以前から存在する遺伝子の一つと考えられているが、ミュラー管抑制ホルモンはその中でも特異的な作用をもつタンパク質として進化したと思われている。

ヒトにおいては精巣が六週齢ころに分化し、八週齢ころにアンドロゲンを、九週齢（六十二日ころ）の後半からミュラー管抑制ホルモンを分泌し、前者はウォルフ管を男性生殖輸管系に分化発達させ、後者はミュラー管を退化させることで、正常な男性としての発生を保証するわけである。一方、ミュラー管は本質的に将来女性生殖輸管系に分化発育する性質を有しているため、精巣をもたなければウォルフ管は退化し、ミュラー管が分化発達することになる。そこで生殖器官系の原基は胎児精巣からのホルモンに反応できないと、性染色体構成の違いによる遺伝的性に関係なく、ミュラー管が分化発育し身体的には女性型（雌型）のヒトになってしまう。

哺乳類の精巣から分泌される主たるアンドロゲンはテストステロンである。確かにテストステロンがウォルフ管に作用して、精巣上体、輸精管、精嚢腺などを分化させることは明らかであるが、役目はそれだけでないこともしだいにわかってきた。すなわち一部の生殖器官系においては、テストステロンが5α還元酵素という酵素により、ジヒドロテストステロンとよばれる、より強力なアンドロゲン作用をもつホルモンに転換して作用するのである。たとえば、ジヒドロテストステロンは尿生殖洞に作用して、前立腺やカウパー氏腺の形成を促し、さらにこの雄性化は外陰部に波及し、生殖結節と生殖襞《ひだ》を外部生殖器といわれるペニスや陰嚢に発達させる。主としてウォルフ管から分化する精巣上体、輸精管、精嚢腺などを構成する細胞には、5α還元酵素が存在しないことから、もっぱらテストステロンの作用により分化するが、前立腺、尿道、陰茎、陰嚢などの分化にはジヒドロテストステロンが中心的役割を果たしていることが明らかになった(図2・2)。

哺乳類に特有の器官であり、子を育てるという生殖活動と深くかかわっている乳腺の分化・発達も、これまで述べてきた諸器官と同じような過程をたどる。マウス胎児の乳腺原基分化は胎齢十一日ころ、表皮組織の一部が肥厚し間充織に落ち込み始めることに始まる。日を追って上皮組織は増殖しさらに落ち込んでいくが、雌雄に関係なく胎齢十四日ころに、落ち込んだ上皮組織の表皮との連結部付近の間充織細胞にアンドロゲン受容体が発現する。胎児が雄で精巣を発達させていれば、この間充織細胞はアンドロゲンの刺激を受け増殖して、表皮と乳腺原基の連結部に凝縮し、まるで首を絞めるようにそれをくびり切ってしまう。このため、落ち込んだ上皮組織は表皮からの細胞の補充もなく、痕跡的にその場に残るだけになる。一方、胎児が雌ならその時期アンドロゲンの分泌は起こらないので、表皮からの細胞の補充と増殖によりどんどん大きくなる。そして、やがて分泌されるエストロゲンの刺激によりさらに発達することになる。マウスの雄胎児における乳腺原基と表皮の切断は胎生十三日後半から十五日前半の短期間のみに起こり、この時期以外にアンドロゲンを作用させても、間充織は応答しないことがわかっている。

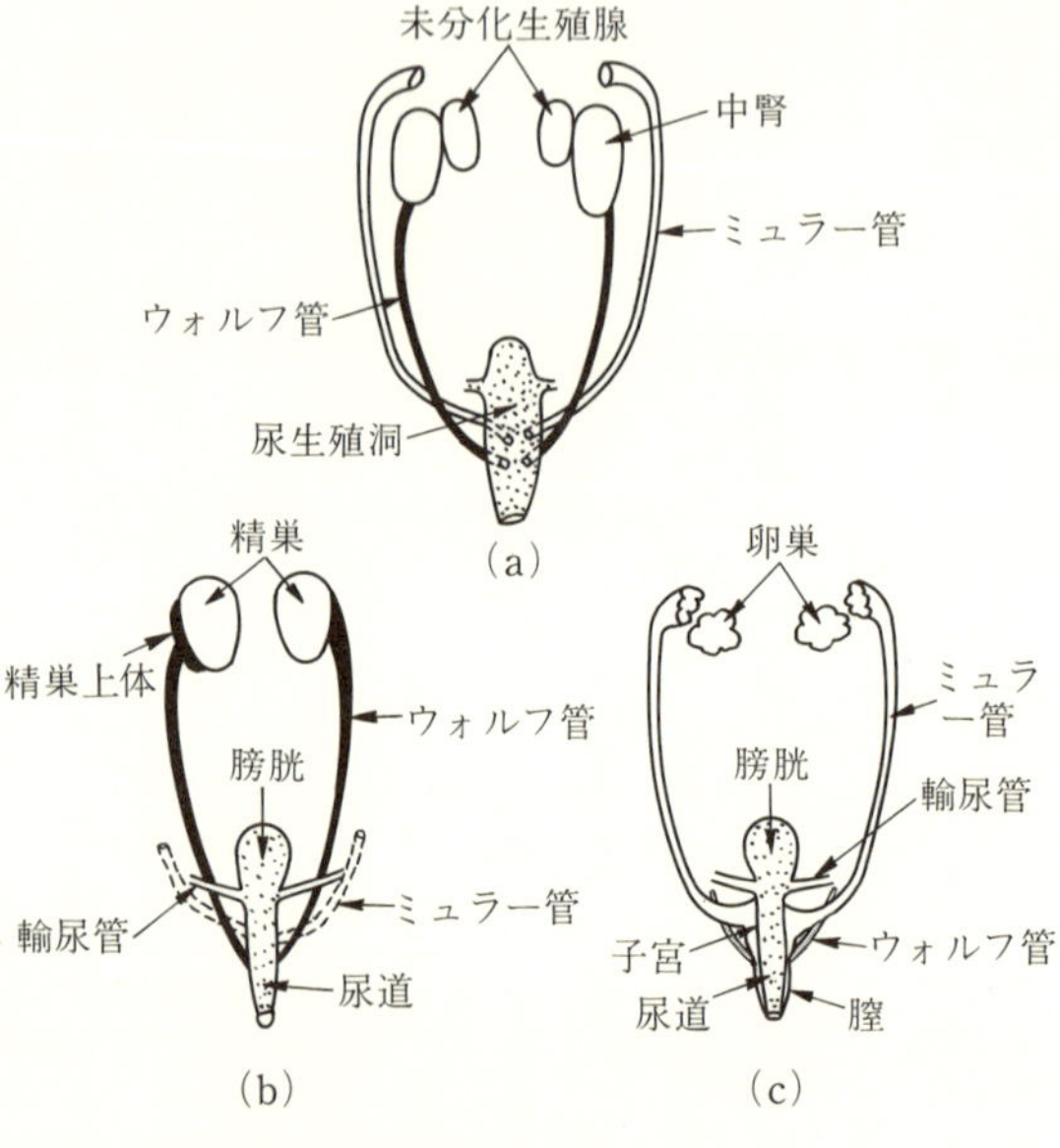

図 2.2　哺乳類の生殖器官系の分化
(a) 哺乳類の未分化生殖器官系は性的両能性を備え，基本的に雄にも雌にも分化できる原基を備えている。(b) 雄の場合は，ウォルフ管が発達しミュラー管が退化する。(c) 雌の場合はミュラー管が発達しウォルフ管が退化する。(Balinsky，1970，文献 1) より改変)

このようにすべての生殖器官系の分化には、おのおのの器官に特有の種類と量のホルモンの刺激が必要であるが、さらに大切なことは自己の生殖腺から分泌されるホルモンが作用する時期である。多くの場合、生殖器官系にとって分化、すなわち性差形成の方向を決めるためにホルモンの刺激を必要とするときは、ほんの短い期間である。しかし、ホルモンに対する感受性が非常に高い時期であり、特にこの時期を臨界期とよぶ。

哺乳類において男性型の生殖器官系を分化させるためには、精巣ができて機能しテストステロンとミュラー管抑制因子を分泌することから始まり、さらに特定の組織がこれらホルモンに対する受容体や、5α還元酵素を発現させなければならない。すなわち、いくつもの関門をくぐらなければ、いわゆる正常な雄（男性）としての機能を発揮できる生殖器官系は形成されないわけである。たとえXY型の性染色体をもつ個体でも、上記の関門のうち一つでも欠けると異常を生じてしまう。アンドロゲン受容体の発現はX染色体上にある遺伝子により支配されているので、そこに欠陥があると精巣がせっかくテストステロンを分泌しても、それを使用できずウォルフ管が退化し、乳腺がある程度発達するなど雌型の生殖器官系の発達が顕著となる。このアンドロゲン受容体遺伝子の障害により起きる異常は精巣性女性化症といわれ、行き場を失った精巣は腹腔内にとどまってしまう（図2・3）。この遺伝的疾患はアンドロゲン不応症の多くを占め、その頻度は男性六万五千人に一人とされている。また、常染色体上の遺伝子により支配される5α還元酵素の発現に欠陥の

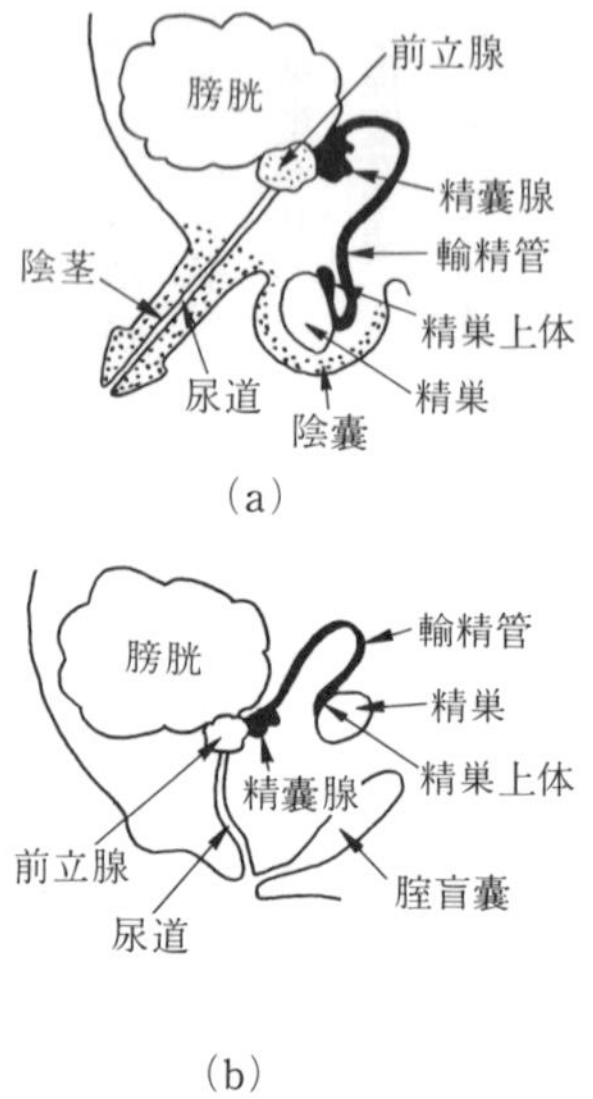

図2.3 男性生殖器官系の分化におけるテストステロンとジヒドロテストステロンの役割
(a) 正常男性ではウォルフ管由来の器官（黒い部分）の分化はテストステロンが，尿生殖洞や生殖結節由来の器官（点の部分）の分化はジヒドロテストステロンが支配している。(b) ジヒドロテストステロン受容体を欠くヒトは，外部生殖器が女性的になり，精巣性女性化症といわれる。(Imperato-McGinley ら，1974，文献3)より改変）

ある場合も同様である。見方を変えてみれば、哺乳類においても胎児期にはウォルフ管とミュラー管両方を備え、臨界期のホルモン環境によっては雌雄どちらの生殖器官系へも分化できるし、また乳腺の原基となる表皮やその直下に間充織にも性差はなので、基本的には生まれつき性的両能性をもっているということになる。

　このような事情で遺伝的にXY型の性染色体をもちながら、外部生殖器官が女性的な発達を示すため、生まれてこのかた女性として育てられる男性がいるわけである。スポーツ選手のセックスチェック（女性証明検査）が行われた理由の一つでもある。

おわりに

内部生殖器や外見からも判断できる外部生殖器ばかりでなく、脳にも性差が存在するが、脳の性分化については他章にゆずる。

生殖腺原基に起こる第一段の性分化、精巣になったか卵巣になったかという決定の波は順次、生殖輸管系から脳の性分化まで及び、ここではじめていわゆる正常な男性と女性が誕生するわけである。ホルモンや種々の生理活性物質の作用は一般的に可逆的なものであり、刺激と応答、そしてネガティブフィードバック機構による抑制とその解除を繰り返すものである。このような通常の生理的活動におけるホルモンの作用へ応答する標的器官の準備態勢は、発生・分化の過程で確立されるものである。しかし、各生殖器官系が発生初期の未分化な状態にあれば、不適当なホルモンの作用を受けると形態的にも、また以後のホルモンに対する反応性においても、正常とは異なる事態が発生する場合が多い。特に臨界期における不適切なホルモン作用は、生殖器官系に異常な分化を誘導し、しかもそのほとんどが不可逆的である。すなわち、ヒトを含めて哺乳類の性差形成の過程は意外と脆弱なものなのであるが、考え方を変えてみれば融通性のあるものなのかもしれない。

哺乳類のようなXY型の動物は雌が基本型で、鳥類のようなZW型は雄が基本形とされる。そこで受精の際、偶然にXY型の性染色体をもった場合は、雄になるため雌よりも厳しい条件下でホルモンの洗礼が必要である。一方、精巣がなければ基本的に雌になるといっても、卵巣からのエスト

ロゲンは女性型の生殖器官系の発達には必須のホルモンであり、その作用する時期の大切さに変わりはない。（守隆夫）

(b) 性決定の遺伝子

哺乳類の「性の決定」にはいくつかの段階があって（表2・1）、その中でも最も重要なのは、未分化性腺から精巣または卵巣が発生する性腺の分化である。哺乳類の基本形は雌であり、精巣が分化するとそこから分泌されるホルモンの作用により雌雄共通の原基から雄型の生殖器が形成されるからである。この項では哺乳類の性腺の分化にかかわる遺伝子について述べる。

(1) 精巣決定遺伝子

Y染色体の理論上の精巣決定因子　TDF

哺乳類の性染色体はX染色体とY染色体であり、XXの組合せならば雌（女性）、XYなら雄（男性）になる。Xが一個のみの場合の表現型は女性であり（ターナー症候群）、XXYの場合は男性である（クラインフェルター症候群）ことなどから、Xの数が性を決めるのではなく、Y染色体の存在がその個体を雄性化することが、一九五九年にヒトとマウスではじめて示された。続いて雄性化はY染色体短腕上の因子によることが示唆された。一九八〇年代に入ると、性染色体の組合せと性の表現型が逆転しているXX男性やXY女性の染色体の解析などから、Y染色体上に精巣決定因子TDF（testis determining factor）が存在すると推定されるようになった。

Y染色体の短腕の遠位端の約二百五十万塩基対とX染色体の対応する部位とは相同であり、偽常染色体部位PAR（pseudo-autosomal region）とよばれる。精子形成の際の減数分裂において、X染色体とY染色体のPARは常染色体どうしのように対合し、その一部分をたがいに交換する。したがって、PARにTDFが存在することはありえない。というのはTDFが頻繁にYからXへと乗り移ったのでは性決定のメカニズムが非常に不安定になってしまうからである。したがって、TDFはY染色体の短腕のPAR以外の部分にあるだろうと考えられた。

近年、ごくまれにPARに隣接する領域まで含めてX、Y染色体の間で交換が起こったとみなされるXX男性やXY女性の例がみつかった。父親の精子形成の際に通常はY染色体にとどまるPAR近傍の領域もX染色体に移動して、本来Y染色体にあるべき部位が欠損したY精子や付加されたX精子ができ、その精子によって受精したことが性の逆転の原因と考えられる。つまりY染色体のこの領域にTDFが存在することになる。

精巣決定遺伝子*SRY*

一九九〇年にSinclairらは、XX男性の解析からY染色体短腕上のPARの近傍の領域で精巣決定にかかわる遺伝子を分離し、*SRY*（sex determining region of the Y）と名付けた（図2・4(a)）。同じ年にこれに相当するマウスの遺伝子*Sry*もY染色体のPAR近傍で同定された。この遺伝子はマウスの精巣の分化時期に一致する受精後一〇・五から一二・五日にのみ生殖堤の前駆

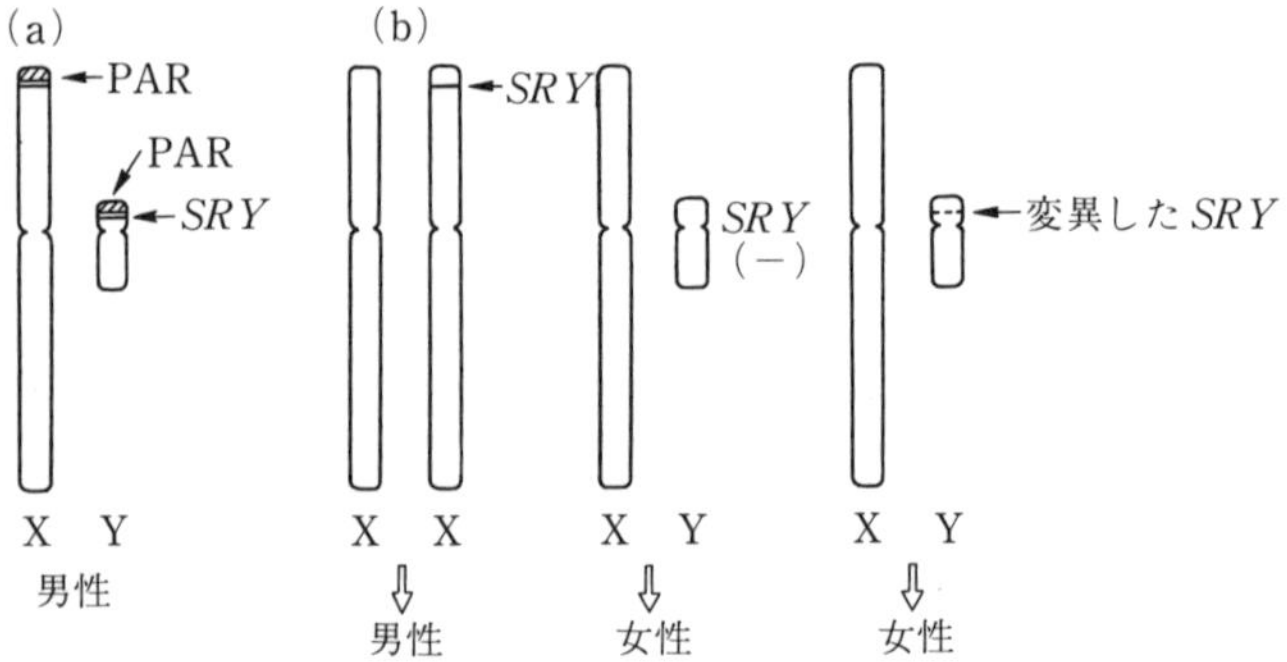

図 2.4 (a) X染色体とY染色体の PAR（偽常染色体部位：斜線）と *SRY* の位置（黒線）。(b) *SRY* の乗換えや異変による性転換。正常な男性は XY，女性は XX

セルトリ細胞に発現していることが示された。

*SRY*は以下のようにTDF遺伝子としての特徴を備えている。

① *SRY*はほぼすべての哺乳類のY染色体上に保存されている。

② 発生のごく初期の精巣で発現している。

③ XY女性のY染色体では欠損または変異が見られる（図2・4(b)）。

さらに翌一九九一年、Koopmanらが*SRY*を含む十四kbのDNAフラグメントをマウスのXの受精卵に導入し、内外生殖器とも雄であるトランスジェニックマウスを得たことにより、*SRY*が理論上の精巣決定因子TDFの本体であることを証明した。この実験は*SRY*が未分化な性腺を精巣に分化させるのに必要なY染色体上のただ一つの遺伝子であることを示す。ただし精巣は小さく、精子形成は行われていなかったので、雄として正常な生殖能を有するためにはY染色体上の他の遺伝子も必要と考えられる。無精子症に関係する*AZF*遺伝子はY染色体の長腕上にあることが知られている。

*SRY*遺伝子はイントロンを含まない単一エクソンの遺伝子である。ヒト*SRY*は二〇四アミノ酸からなるタンパク質をコードする。その中央部には八十アミノ酸からなるHMG（high mobility group）タンパクをコードするHMGボックスを含む。HMGドメインを含むタンパク質は特定のDNA塩基配列に結合し、結合部位にDNAの湾曲を引き起こす転写因子と考えられている。

*SRY*がコードするアミノ酸数やその配列は種間で多様であるが、ＨＭＧボックスは相同性が高い。また*SRY*の変異によるＸＹ女性のほとんどはＨＭＧボックス内に変異をもつことから、ＨＭＧドメインが*SRY*の機能にとって重要なことがわかる。

しかしＳＲＹタンパクによって直接制御される遺伝子はまだ明らかにされていない。またＳＲＹの発現機序も明らかにされていない。

(2) 「精巣に分化させない」遺伝子

性染色体がＸＹで表現型が女性である症例の中に、Ｙ染色体は正常であるが、Ｘ染色体短腕の一部（Ｘｐ21）が重複するような染色体異常をもつ例がある。重複領域中に存在する遺伝子がその量に依存して卵巣の分化に重要な働きをしていると考えられ、このまだ同定されていない遺伝子はＤＳＳ（dosage-sensitive sex reversal）とよばれている。

DAX1 **（DSS-AHC critical region on the X chromosome, gene 1）**

一九九四年に理論上ＤＳＳが存在するＸｐ21領域からＸ連鎖性先天性副腎低形成症および低ゴナドトロピン性性腺機能低下症の原因遺伝子として単一の遺伝子がクローニングされ、*DAX1*と名付けられた。*DAX1*がＤＳＳであるとすれば、雄へのプログラムの抑制遺伝子か卵巣決定遺伝子として働くと考えられる。

*DAX1*はステロイド受容体スーパーファミリーに属する核内ホルモンレセプターをコードして

いるが、そのリガンドはわかっていない。既知の核内ホルモンレセプターと異なり、DNA結合部位としてZnフィンガーをもたない。ほかのタンパクとの相互作用を介して遺伝子発現を制御する可能性が示唆されている。

マウスでの*Dax*1の発現はXX、XYいずれでも*Sry*の発現と同時期から生殖堤で開始するが、精巣の分化が進行すると急速に減少し、一方卵巣では発生中発現が続く。Swainら（一九九八年）はXYマウスに余分な*Dax*1を導入したが、精巣の分化が遅れただけで雄から雌への性転換を起こすことはできなかった。しかし*Sry*の発現を弱めた系で同じことをすると性転換が起こった。マウスでは*Dax*1が重複するだけでは性転換しない点はヒトと異なるが、Swainらは、「*Dax1*は*Sry*と拮抗的に働くことにより精巣の分化を妨げるアンチ精巣遺伝子とし機能することがわかった。DAX1タンパクが多ければ卵巣に、SRYタンパクが多ければ精巣に分化するのであろう」と述べている。ただし、たがいに発現を制御するのではなく、それぞれがコードするタンパクが競合することにより標的遺伝子への結合が変化する可能性のほうが高いという。

*DAX1*は現在のところDSSの第一候補とみなされている。

(3) 性腺の分化に関与するその他の遺伝子

***SOX9*（*SRY*-related HMG box-containing gene 9）**

*SRY*のHMGボックスに類似した配列を有する*SOX*と呼ばれる遺伝子群のひとつ、*SOX9*

は先天性骨奇形症候群からクローニングされた遺伝子で、この症候群の患者では正常なY染色体を有していても約半数が男性から女性への性転換を示す。$SOX9$はSRYの下流で雄性化に働く遺伝子であり、セルトリ細胞に限局してSRYに続いて発現する。

そのほか、性腺の分化以前に、性腺原基の形成にかかわることが知られている遺伝子がある。

WT1 (Wilm's tumor 1)

小児の腎腫瘍であるウィルムス腫瘍の原因遺伝子として単離されたがん抑制遺伝子で、コードするタンパク質は転写制御因子である。正常な精巣ではセルトリ細胞に限局して発現する。

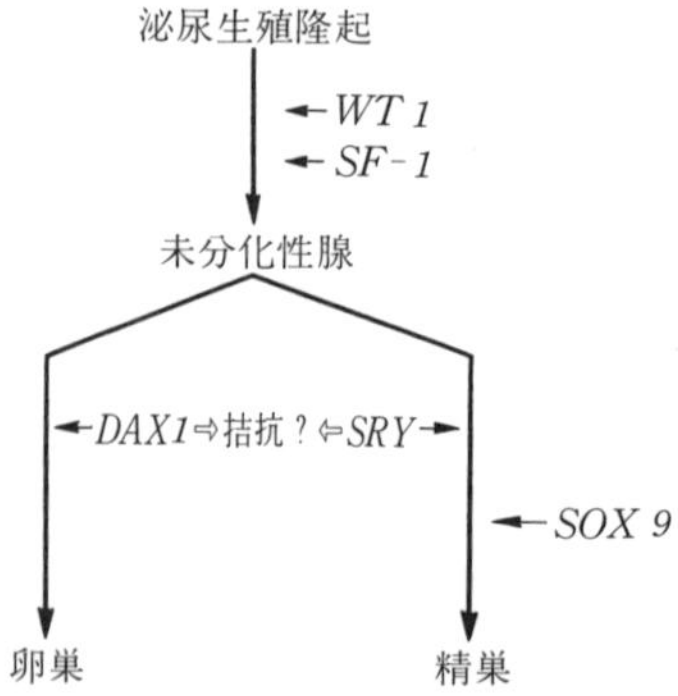

図 2.5　性腺の分化に働く遺伝子

SF-1 **(steroidogenic factor 1, *Ad4BP/SF-1*)**

SF-1タンパクはステロイドホルモン産生に必須なP-450遺伝子の組織特異的な転写を制御する核内ホルモンレセプターファミリーに属する転写因子として同定された。*Wt1*や*Sf-1*のノックアウトマウスでは*Sry*の有無にかかわらず性腺が形成されず、精巣がないため最終的な性の表現型は雌になる。

*SRY*をはじめ*DAX1*、*SOX9*、*WT1*、*SF-1*およびその他のいくつかの遺伝子の発現と相互作用が、性腺の分化とそれに続く性分化に果たす役割について証拠が蓄積されつつあるが（図2・5）、そのメカニズムはまだ十分に解明されてはいない。（宮川桃子）

〔3〕 性行動の性分化

(a) は じ め に

多くの動物では、雌と雄の性行動パターンに大きな違いがある。すでに述べてきたように、雄の性行動は能動的な部分が多く、雌の性行動は受動的な面が多い。

雄も雌も性行動は中枢神経系の制御機構に性ステロイドホルモンが作用することで発現可能となる。しかし、去勢した雄ラットにエストロゲンとプロゲステロンを投与しても八五%は雌の性行動であるロードーシスをせず、示す雄でもロードーシスは弱い[30]（図2・6）。一方、卵巣除去雌ラ

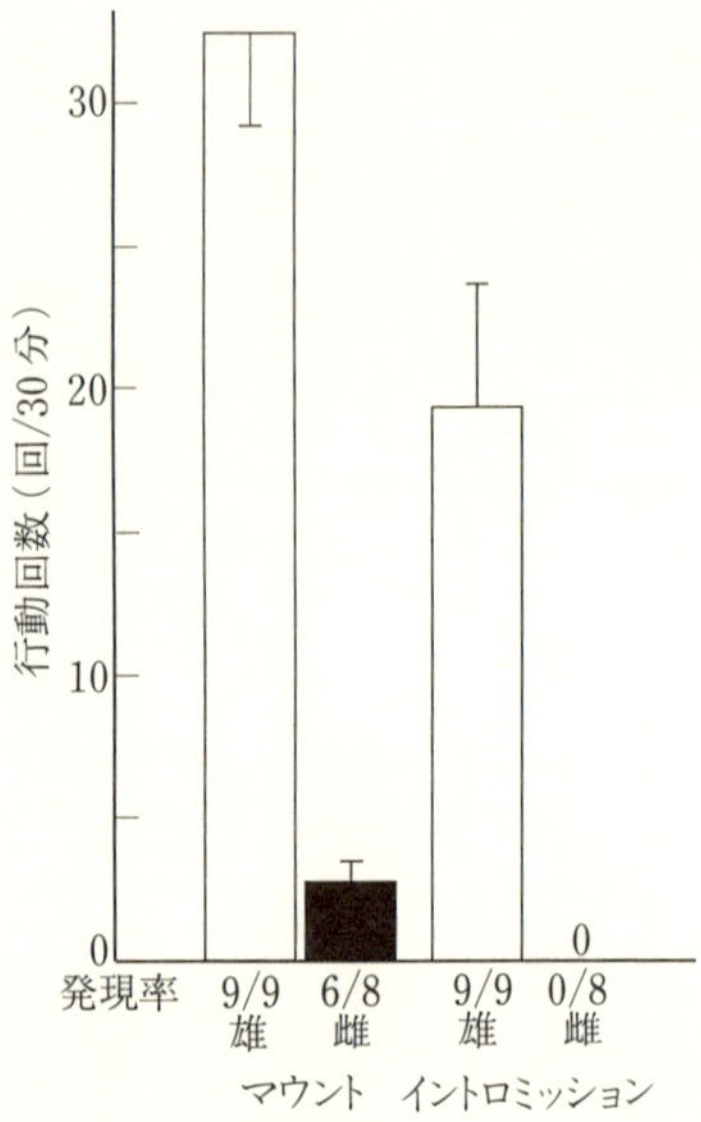

図 **2.7** 卵巣除去雌ラットにアンドロゲンを注射し，雄の性行動の発現を調べた結果。雌はマウント行動をするが，回数は少ない。（文献 27）より）

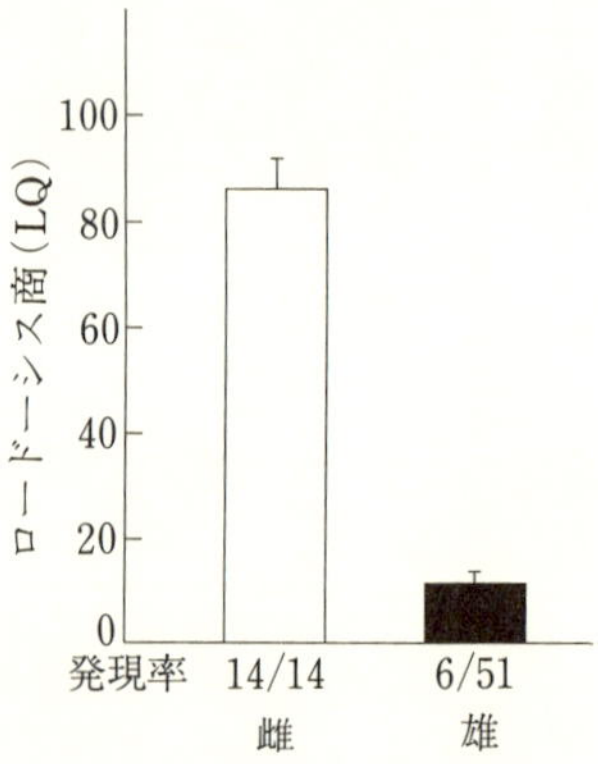

図 **2.6** 去勢雄ラットにエストロゲンを注射しロードーシスの発現を調べた結果。雄はほとんどロードーシスをしない。（文献 30）より）

ットにアンドロゲンを投与すると七五%がマウントをするが、その回数は雄の十分の一にも満たない[27]（図2・7）。さらに、挿入行動や射精行動はほとんど見られない。したがって、雄も雌も異性のホルモンがないために異性の性行動パターンが生じないのではないことがわかる。

雄と雌の違いは、中枢神経系における性行動制御機構に違いがあるためである。このような性差は、大脳新皮質が特異的に発達しているヒトやヒトに比較的近い霊長類では見られないか、ほとんど見られないと考えられるが、それ以外の哺乳類でははっきりしたものである。

脳における性行動の制御機構の性差はどのようになっているのか、それがどのようなメカニズムで生じるのか、ラットを用いた研究の一端を紹介したい。

(b) 雄は雌の性行動をするか？

強い抑制力

最初から結論めいたことを述べてしまうと、雄ラットがエストロゲンを投与されてもロードーシスや勧誘行動をしないのは中枢神経系に発達する抑制機構によるものである[28]。

一九七四年に去勢した雄ラットに卵巣を植え、中隔外側核を両側破壊すると、ロードーシスが見られるようになることが報告された[17]。ほぼ同じころ、われわれは、雄の中隔の腹側部、すなわち、視索前野の背側部に半円状の水平切断を行うと[29]、ロードーシスが見られるようになり、雌が強く発情したときに見せる勧誘行動までするようになることを報告した（図2・8）。これらの結果は、

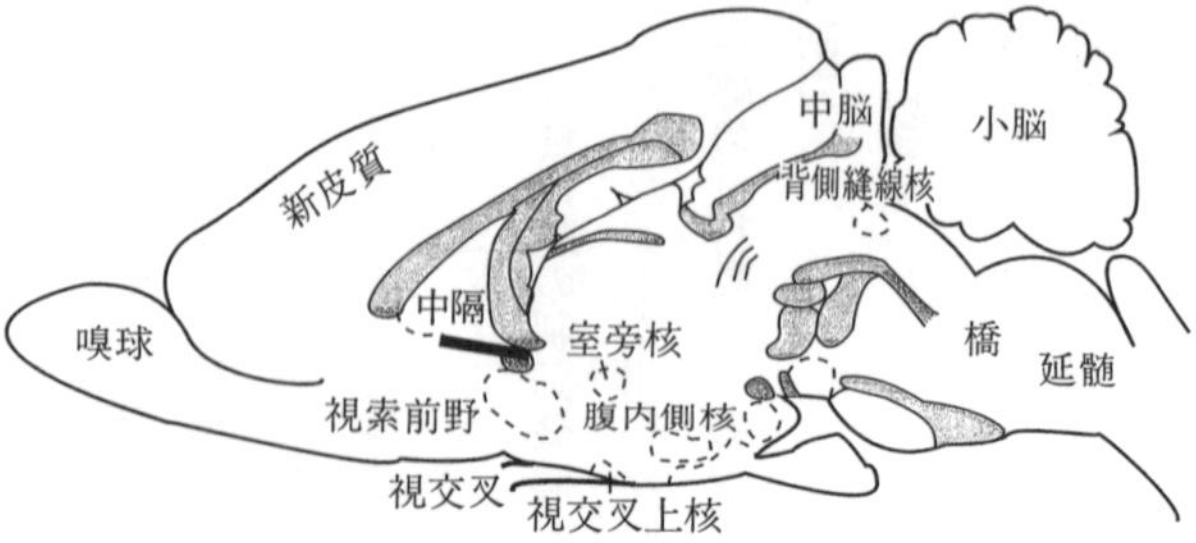

(a)

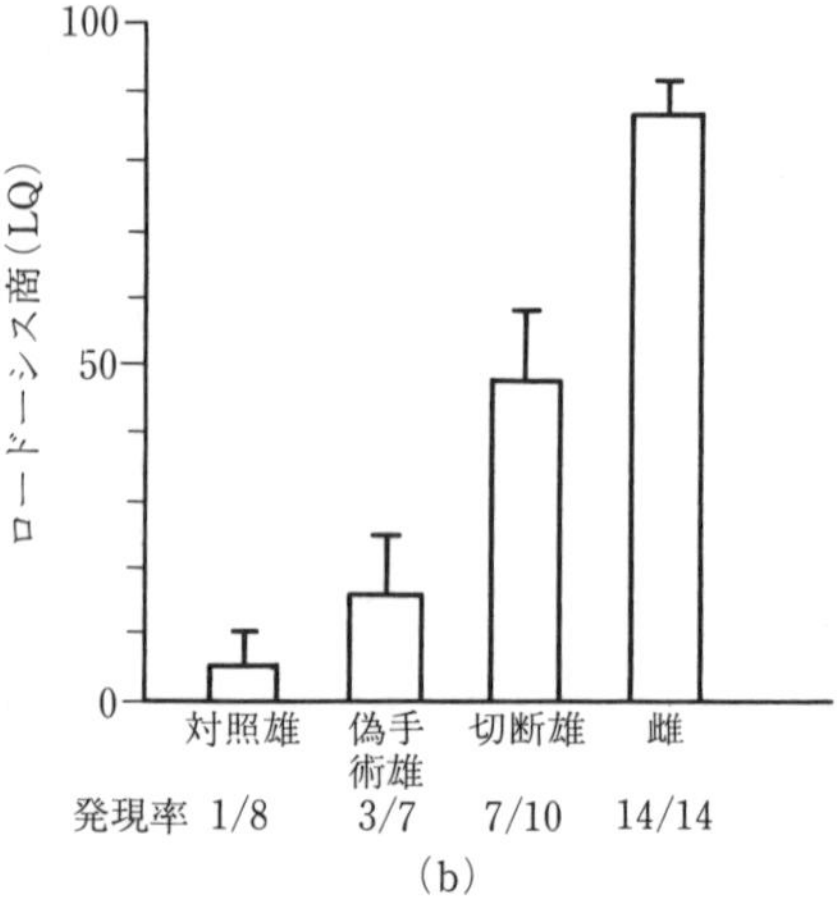

(b)

図 2.8 雄ラットの中隔の腹側部を水平切断(図(a)黒バー)すると，雌の性行動をするようになる。(文献 21)より)

中隔に強い抑制力があるために雄ラットは雌の性行動をしないことを示すものである。しかし、中隔の抑制力を手術により取り去っても雄のロードーシスの発現能力が雌とまったく同じになるわけではないことから、他の部位にも雌雄差があることが想像できる。[20]

中隔の下位に位置する視索前野の破壊も雄のラットやモルモットに雌性行動の発現を可能にすることがいくつか報告されている。[24]われわれの結果でも、中隔外側核の破壊と同様に視索前野の背側部の破壊がロードーシス促進に強い効果をもつことが示された。[12]視索前野の抑制力は中隔とは異なったもののようであるが、中隔-視索前野の抑制力は雌型性行動制御の性分化に関係する重要な部位である。中隔や視索前野は内側前脳束に神経投射を行っている。内側前脳束を切断すると、雄ラットが雌の性行動をするようになることから、[32]これらの抑制力は内側前脳束を通って下位脳幹に下降するものと考えられる。

中隔外側部にはエストロゲンの α、β 受容体の発現が確認されており、エストロゲンを雄の中隔の外側部に直接植えて雌性行動の発現を調べたが、雌の中隔外側部に植えたときのような性行動促進効果がなかった[23]（1章図1・3）。これは、雄の中隔の雌性行動抑制力はエストロゲンで解除できないような仕組みになっていることを示すものである。それにより、雄は雌型性行動をすることができないのである。

一方、下位脳幹のセロトニン神経を多く含む背側縫線核にも強い抑制力がある。セロトニン神経は雌性行動を抑制しており、雄ラットにセロトニンの合成阻害剤を投与するとロードーシスが見られるようになることが報告されている[16]。われわれの結果では、背側縫線核を破壊すると、雄ラットがロードーシスをするようになること[6]、それがセロトニンニューロンによるものであることが示された[7]（図2・9）。背側縫線核の抑制力は前腹側部からでて[10]、前脳の視床下部腹内側核や視索前野に影響するものと考えられる。背側縫線核はエストロゲンに直接強い影響を受けないこともあり（1章10ページ参照）、雄と雌の背側縫線核の抑制力の違いについては明らかになっていないが、どちらもGABAニューロンの抑制作用に関係していることが示されている[9]。

中隔-視索前野と背側縫線核にそれぞれの抑制力があるが、雄ラットの中隔と背側縫線核の抑制力を破壊や切断で同時に取り除いてしまうと、片方の処置だけでは得られない、雌ラットとほとんど同じ程度の高いロードーシスがみられるようになる[8]。したがって、雄ラットにおける前脳と下位脳幹のこれらの二つの抑制力は、それぞれの性質は違うが、雌型性行動の発現の低下をもたらす中心的役割をもつものと考えられる。また、中隔切断と背側縫線核破壊を同時に行っても両方の効果が見られるということは、中隔と背側縫線核の抑制力はたがいに独立して機能していると考えられるであろう。さらに、中隔と背側縫線核以外にも、扁桃体外側部にも強くはないが抑制力があることが報告されている[1]。

中隔抑制力を除去されロードーシスをするようになった雄ラットに、雌性行動に重要な働きをもつ視床下部腹内側核や橋背内側被蓋部を破壊すると、ロードーシスが低下する。[31] これは、雌と同じように、ロードーシス発現の促進機構が雄にも発達していることを示すものである。その視床下部腹内側核の神経の性質に性差が認められること、[22] 形態的にも性差があることも雄における雌型性行

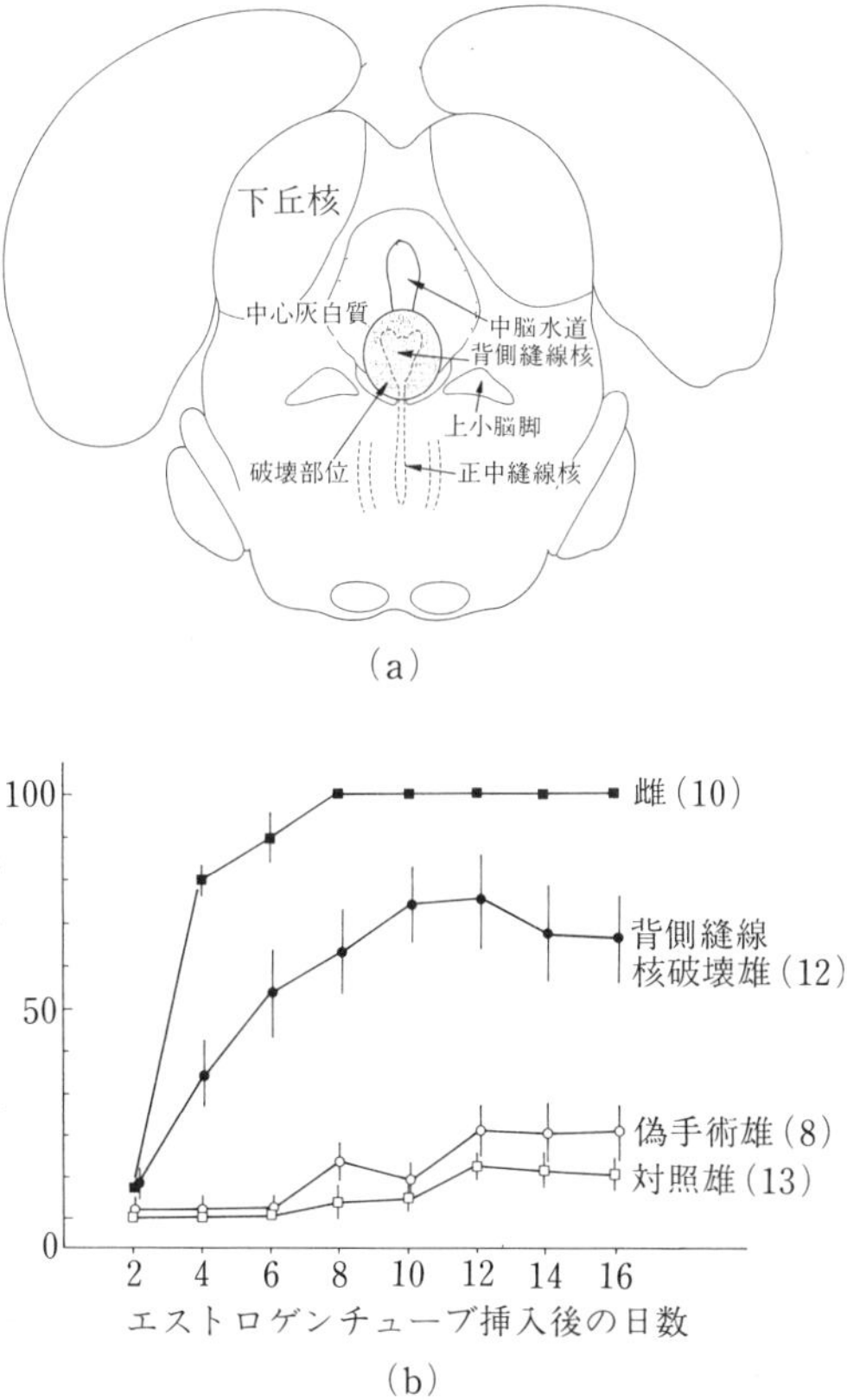

図 2.9　雄ラットの背側縫線核を破壊すると，雌の性行動が亢進する。(文献 6)より)

動の発現力を考えるときに考慮する必要があるであろう。
雄ラットの中隔にエストロゲンに反応しない抑制機構があることが、雄が雌の性行動をしない一つの理由であることが明らかになったが、この抑制力は新生期のアンドロゲンにより形成されると考えられる。

新生期の抑制力形成

哺乳類の雌雄は性染色体の性決定の遺伝子によるものではない。性の決定は胎児期または新生期におけるアンドロゲンの有無によるものであることは〔2〕節で述べられている。性の決定は、性行動の制御機構が脳や脊髄でどのように発達するかということも含まれる。ここまで述べてきたラットの雄の中隔における雌性行動の抑制力がエストロゲンで解除されにくくなるのも、その時期のアンドロゲンによるものである。

一般の哺乳類の性の決定は胎児期のある一定の時期に行われるが、ラットの性の決定は胎児期から新生期にかけて行われる。生まれたての雄ラットの精巣をとってしまい、成長後、エストロゲンを投与して雌性行動を調べてみると、雌のようにロードーシスをする。生まれて数日以内に雌ラットにアンドロゲンを注射すると、おとなになってエストロゲンを投与されても、ロードーシスはみられなくなる[19]。このような実験結果が示すところは、ラットで雌の性行動をするようになるかしなくなるかを決定するのは、生まれてすぐの時期にアンドロゲンがあるかないかである。種々の量のアンドロゲンを新生期に投与され(11)ロードーシスが低下した雌ラットに、中隔の腹側部の切断を行うとロードーシスが回復することから、新生期のアンドロゲンが中隔の強い抑制力を発達させ、雌の性行動をさせなくすると考えられる。

生まれて四日から五日目の雌ラットに、五〇、一〇〇、二五〇 mgのテストステロンプロピオネートを投与して、成長後、ロードーシスの発現を調べてみると、投与したアンドロゲンの量に反比例してLQが低下する（図2・10）。ロードーシスの強さが新生期のアンドロゲンの量によって決まることを示すものである。これは、中隔の抑制力の強さを反映しているものと考えることもできる。実際に、一五%弱の正常に育った雄ラットがロードーシスをすることを先に述べたが、これは、新生期にそれらの個体の精巣から分泌されたアンドロゲンの量が少なかったために、中隔の抑制力が少し弱く、完全にロードーシスを抑えるまでに至らなかったものと解釈することができる。

ハムスターは正常のおとなの雄のすべてが、エストロゲンを投与されればロードーシスをする。雌ハムスターのロードーシスはとても強く、マウントすると数分間ロードーシスの姿勢を保っている。しかし、雄のロードーシスは数秒と短いものである。ハムスターでも性差はあるのである。さらに、出生直後のハムスターの雄にアンドロゲンを投与すると、ロードーシスはみられなくなる。(5)このように、新生期のハムスターの雄の精巣から分泌されるアンドロゲンの量はロードーシスを完全に抑えるには不十分のため、ロードーシスの発現がみられるのである。ラットでも、ほとんどの雄がロードーシスをするという系の存在が報告されている。しかし、そのようなロードーシスをする雄でも、雄としての生殖能力には問題がなく、正常な精子の形成と正常な雄の性行動が見られる。それは、生殖腺刺激ホルモンが雌のように周期的に分泌されていないことを意味するもので、

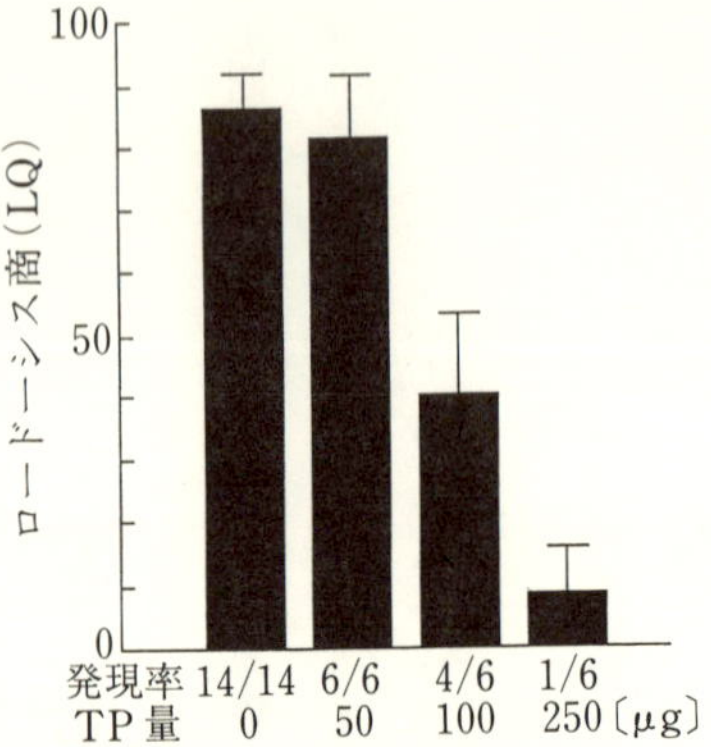

図 2.10 出生 4～5 日目の雌ラットに，50～250 μg の estradiol benzoate (EB) を投与し，成長後，ロードーシスの発現を調べた結果。LQ は EB の量に反比例する。

図 2.11 新生時アンドロゲンによるラットの雌性行動抑制機構の発達模式図

雌型性行動をしても、生殖腺刺激ホルモンの分泌は雄のパターンになっているわけである。

新生期の雌ラットに、一㎎テストステロンを投与すると、成長後ロードーシスをするが、排卵能力はなくなる。一方で同量のテストステロンプロピオネートを投与すると、ロードーシスも排卵能力も消失する。テストステロンプロピオネートの男性ホルモンとしての働きはテストステロンより強力である。これらの結果は、雌の性行動の抑制力の形成には、生殖腺刺激ホルモンの周期性形成を抑えることに比べて、新生期に多量のアンドロゲンを必要とすることを意味している。これはロードーシスをするが、雄としての精子形成には異常のないというラットやハムスターの個体の性分化のメカニズムを示唆するものである。

このように、雄ラットが雌の性行動をしないのは、新生期のアンドロゲンが、中隔の抑制機構をエストロゲンに反応させないような仕組みをつくるためである可能性が考えられるのである（図2・11）。

脳の機能の性分化におけるアンドロゲンの働きは、神経細胞でエストロゲンに変換された結果である。脳の神経細胞には芳香化酵素があり、アンドロゲンはエストロゲンにかわる。新生期にエストロゲンを投与された雌ラットはロードーシスの発現が低下する。[26] アンドロゲンと同時に芳香化酵素の働きを抑える物質を投与すると、アンドロゲンの効果の低下がみられる。[25] したがって、脳における雌の性行動制御機構の性分化を引き起こすのはエストロゲンということになる。母ラットにエストロゲンがたくさんあるにもかかわらず、雌の胎児が雄化しないのは、新生児の血液中にエストロゲンと結びついて影響をなくすαフェトタンパクが存在するからだと考えられている。

ラットやマウスでは、アンドロゲンが作用し、雌型性行動の抑制力が生じる時期は、出生前五日から、出生後五日の間である。アンドロゲンの投与効果は、出生後の四日から五日ごろに強いとされている。動物によって、アンドロゲンが雌性行動発現を抑制する時期は異なる。それは、脳の性分化の時期によるものである〔(4) 脳の性分化参照〕。

さらに、胎児期にもアンドロゲンは雄性化の作用をもつ。妊娠中にストレスをかけられた母ラットから生まれた雄ラットは、雌型性行動の活性が高まるという報告がある。このメカニズムは副腎のアンドロゲンが関与していると考えられているが、少なくとも、胎児期にも雌型性行動の性分化にアンドロゲンが影響していることを示すものである。実際に妊娠ラットにアンドロゲンを投与すれば、生まれた雌ラットのロードーシスの発現は低い。（山内兄人）

(c) 雌は雄の性行動をするか?

発情している雌ラットは雄ラットに対しマウントのような行動をすることがある。他の雌に対してもそのような行動をすることがある。卵巣を除去した雌ラットにアンドロゲンを投与すると雄の性行動パターンが生じる[(27)]ことからも、雄型性行動の発現機構は雌の脳においても存在することはうかがえる。しかし、その発現能力は低く、ペニスの勃起を伴う挿入行動パターンや射精行動パターンはほとんどみられない。ところが，ステロイドホルモンを長期間にわたって卵巣除去したラットに投与し続けると，回数は少ないが，射精行動パターンまで生じるという報告がある。(3) これは，それぞれの行動パターンの発現が，ペニスの有無に関係のないことを示すものである。脳における性行動発現機構に十分な量のアンドロゲンが働き，発情している雌の存在を感知させる嗅覚情報がもたらされれば，雄の性行動が生じることになる。しかし，雌ラットには，雄のように簡単には雄性行動が解発されないメカニズムが存在するわけである。

性差を生じさせる原因の一つには，雄の性行動に最も重要な働きをもつ視索前野の機能に違いがある可能性がある。視索前野の内側中央に位置する部位に形態的な強い性差がみられ，雄で大きく，雌で小さい。この部位は視索前野の性的二型核（sexually dimorphic nuclues, ＳＤＮ）とよばれ，雄の性行動に関係している。形態的に性差があるということは，機能的な違いを生じさせていることを強く示唆するものであろう。最近は，ヒトにも同様な性差のある神経核が存在し，ホモセクシャルになりやすい形質の可能性が示されているが，ヒトの性的行為をとりしきる神経系はもっと複雑で，環境的要因が強く関係していることを考えなければならない。また，雄の性行動に嗅覚情報伝達の拠点として重要な働きをしている扁桃体のシナプス構成などに性差がみられることも，雄性行動制御における機能的性差を示唆するものである。

雄の脳には中隔-視索前野や背側縫線核に強い抑制力が存在するために，雌型性行動が生じないことを前項で述べたが、雌の脳でもこのような抑制力が存在している。抑制機構に関する研究は少ないが、いくつかの部位に抑制力がある。

われわれが卵巣除去した雌ラットの視索前野の背側部を切断し、アンドロゲンを投与して雄型性行動を調べたところ、マウント数が手術をしない雌ラットより増え、挿入行動も少ないながら見られるようになった。[27] しかし、マウント数も雄と比べると半分程度であった。この結果は、視索前野の背側部を通る神経線維が、弱いながらも雄型性行動を抑制していることを示唆するものであるが、どこの神経核からくるものか同定されていない。中隔や海馬、扁桃体などと視床下部を連絡している神経線維であると思われるが、雄ラットの中隔や扁桃体は雄型性行動に促進的な働きをもつことが報告されており、視床下部背側部を通る抑制力を形成しているとは考えにくい。一方で、海馬に抑制的な働きのある可能性が雄ラットで示唆されている。大脳辺縁系が雄型性行動の性差形成に関係していることは十分に考えられ、今後の一つの課題として残っている。

視床下部にも雄型性行動の抑制力が存在していることが報告されている。雌型性行動の発現機構の中心的役割をもつと考えられる（1章〔3〕参照）視床下部腹内側核を破壊された雌ラットは、マウントと挿入数が上昇する。[18] しかし、この抑制力が脳の中でどのような神経回路を形成しているのか明らかではない。

一方、雄と同様に、雌ラットにおいても、セロトニン神経系が雄性行動を抑制している。卵巣を除去し、アンドロゲン処理をした雌ラットに、セロトニン合成阻害剤であるパラクロロフェニルアラニンを投与すると、雄性行動が高まり、射精行動パターンまで生じる[4]（図2・12）。

セロトニン神経細胞は下位脳幹の縫線核群を中心に存在している。雌型性行動では背側縫線核が強い抑制力をもっているが、雌ラットのこの部位を破壊しても雄型性行動が高まることはない[13]。その腹側部に存在している正中縫線核を破壊するとマウントの開始が早まることから、この神経核が

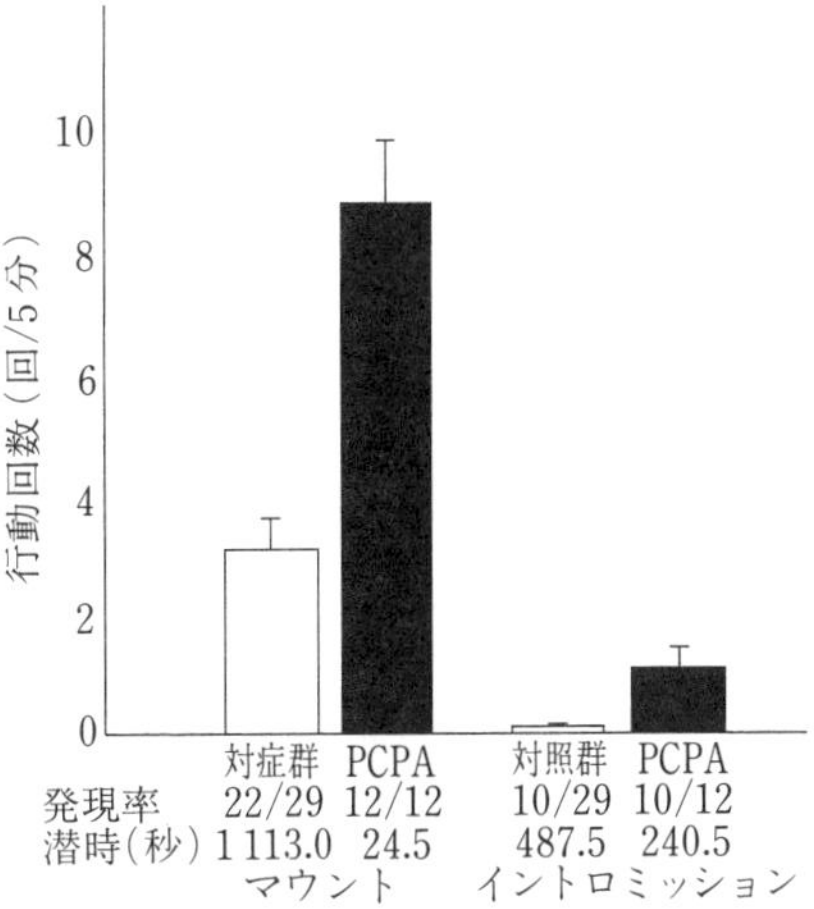

図2.12　アンドロゲン投与した卵巣除去雌ラットにセロトニン合成阻害剤であるパラクロロフェニルアラニン（PCPA）を投与すると，マウント，イントロミッションが強くなる。(文献13)より)

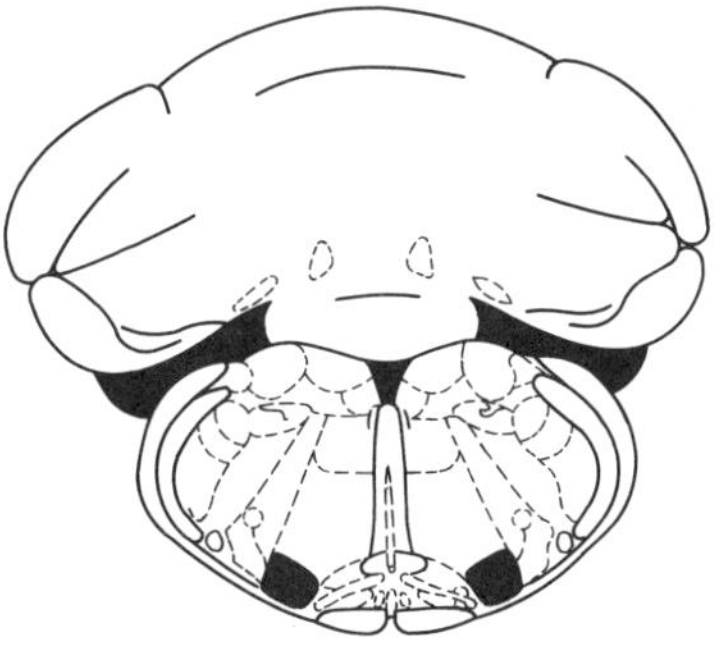

図2.13　雌ラットの外側傍巨大細胞網様核を破壊すると，マウントもイントロミッションも増加する。(文献14)より)

マウントの開始を抑制している可能性がある。[13] 最近、延髄の外側傍巨大細胞網様核を破壊すると、雌ラットのマウントと挿入行動が雄と同じ程度まで上昇し、射精パターンまで生じるようになることがみつかった[14]（図2・13）。この神経核はセロトニン神経を含んでいる。そのように、雌ラットの雄型性行動の発現能力が低いのは、視索前野や扁桃体の機能の発達度合いに起因する可能性に加えて、大脳辺縁系、視床下部腹内側核やセロトニン神経系の抑制力の影響も考えられる。

周生期のアンドロゲンによる影響

雌型性行動と同様に、雄型性行動の発現能力も発生途中にアンドロゲンの影響下で形成される。出生直後に雌ラットにアンドロゲンを投与すると、マウント能力が高まるが、雄と同程度にはならない。出生直後の雄ラットの精巣を除去すると雄型性行動が減少するという報告がある[19]が、完全に消失するわけではない。

一方、出生予定日前に帝王切開を行い、子宮内での胎児の存在位置を確認し、成長後、雄型性行動を調べた報告では、子宮内で雌に囲まれていた雌ラットより、両隣に雄がいた雌ラットのほうがマウント行動が多い。[2] 胎児期におけるアンドロゲンがマウント行動の発現を強めることを示唆するものである。新生時期だけではなく、出生前からアンドロゲンを投与しておくと、射精パターンを含めて雄と同じ程度の雄型性行動をするようになる。[21] ラットの雌型性行動は新生期のアンドロゲンにより、強い抑制神経機構が形成されることで発現能力に低下をきたすが、雄型性行動の発現能力は、新生期における投与だけでは不十分であり、出生前にアンドロゲンにさらされていないと完全なものとならない。

妊娠後期の母ラットにアンドロゲンを投与し、生まれた雌ラットの新生時期にアンドロゲンを投与すると、ペニスの形成がみられ、勃起能力も獲得される[15]。胎児期にアンドロゲンが存在すると、外陰部が雄型になるばかりではなく、脊髄における勃起に必要な筋の収縮を司どる運動神経核（2章〔4〕の(c)参照）の形成も行われる。このように、脳における雄型性行動の発現能力は、胎児期から新生期のアンドロゲンにより形成され、脊髄の勃起機能も同時に形成される。

雌型性行動の性分化のところで述べたように、アンドロゲンは脳の神経細胞中で芳香化酵素によりエストロゲンに変化して作用する。それは雄型性行動の性分化においても同様である。一方、脊髄の勃起にかかわる神経細胞では、アンドロゲンは5α環元酵素により、5αジヒドロテストステロンに変化して作用すると考えられている。末梢の雄の外性器や副性器の形成も脊髄と同様である（2章〔2〕の(a)参照）。

したがって、脳におもな制御機構がある雌雄性行動の性分化はエストロゲンで影響を受ける。ペニスをはじめ前立腺などの雄生殖器は、アンドロゲンが細胞内でジヒドロテストステロンに変わって作用することで形成が促されることから、脊髄を中心に制御機構がある勃起能は5αジヒドロテストステロンにより性分化が形成されることになる。（山内兄人）

〔4〕 脳 の 性 分 化

(a) はじめに――ヒトの脳の性差を中心に

行動や神経内分泌調節にみられる脳の機能的性分化については、ラットなど多くの実験動物の結果から、周生期の精巣から分泌されるアンドロゲンが脳に働くことによって性行動や攻撃行動のパターンの性分化を起こす決め手になっていることが明らかになっている。

これらの問題に関して、〔2〕、〔3〕節で分子レベルから個体レベルまでの問題が詳しく述べられているので、ここでは脳の性差、特にヒトの脳の性差について具体例を二、三紹介しておくことにする。

まず、脳重の男女差については古くから研究されていて、男性の脳のほうが女性の脳よりも重いということが定説となっていて、十九世紀ごろまでは女性軽視の材料とされていた。その後、脳重とからだの大きさを相対的に考えれば、男性の脳が大きいのは当然であろうという考え方になっていったが、実際詳しく調べたデータはなかった。

しかし、図2・14に示すように、成人の脳重と身長および体表面積の関係を調べてみると、はっきりとした男女差が認められ、男性の脳のほうが女性の脳よりも約百グラム重いということが判明した。一般的に知的能力IQなどは男女差がないと考えると、比較的小さい脳で男性の脳と同じ程度を発揮しうる女性の脳のほうが、コンパクトで、ダウンサイズで効率よく働く脳であるということになるかもしれない。

ＭＲＩを用いて、左右の大脳半球を連絡する神経線維の束の横断面を調べてみると、脳梁《のうりょう》の後部にある膨大部が女性のほうが丸くふくらんでいるのに対して、男性ではふくらみが少なく、管状をしていることがわかった。この部分は後頭葉の視覚領や側頭葉後部の言語野からの左右連絡線維

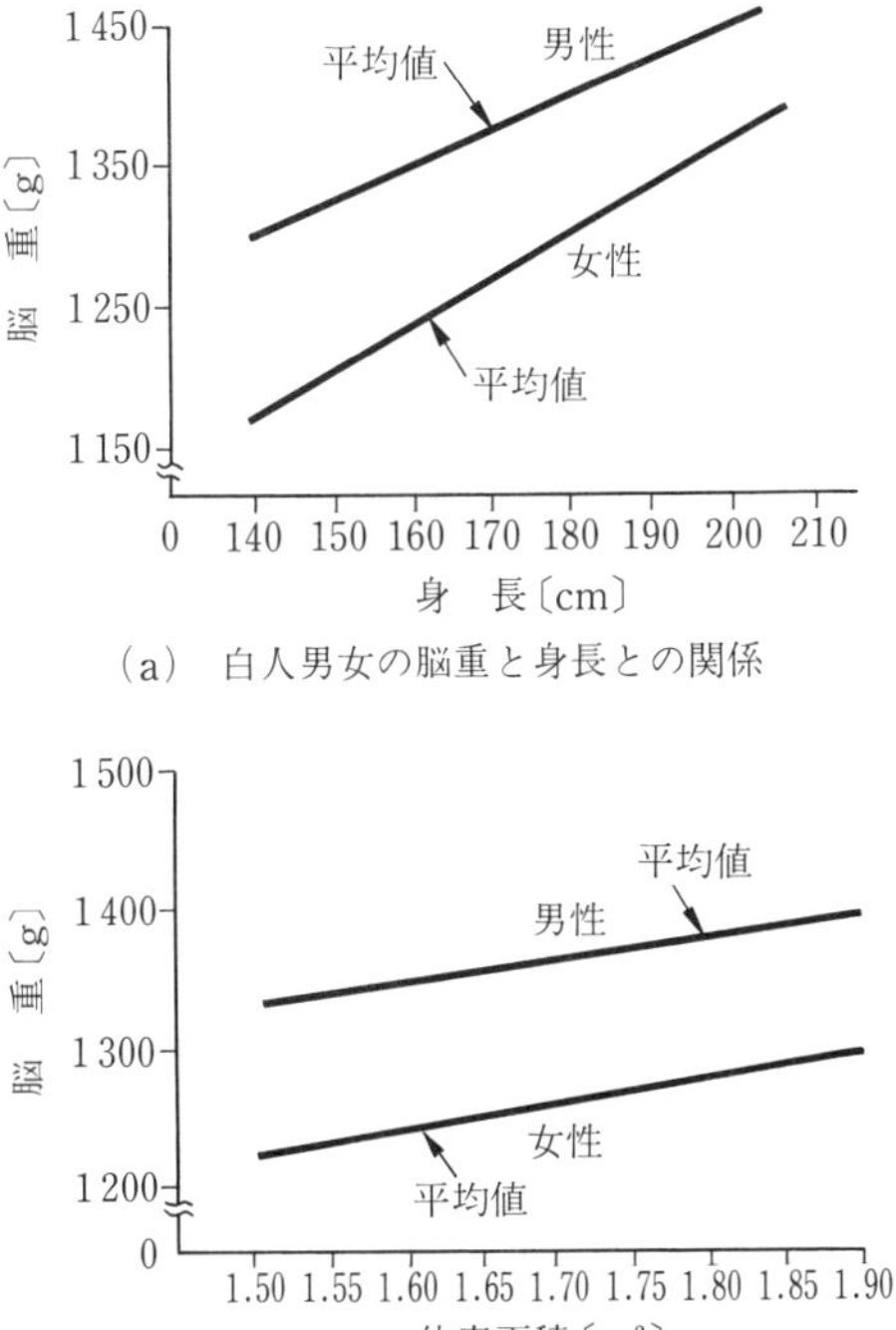

（a） 白人男女の脳重と身長との関係

（b） 白人男女の脳重と体表面積との関係

図 2.14 男女の脳重の比較
（Ankney, 1992 を改変）

が通っているところなので、この部分が女性のほうが大きいことは、この部分の神経線維が多いのか、髄鞘形成が良いのか、あるいはその両方の可能性を示していて、視覚情報や聴覚情報、言語情報の処理の仕方が男女で異なる可能性を示している。

脳梁のほかにも、前交連という線維の束が女性のほうが太いことが知られている。前交連は系統発生的に古い左右の連絡回路で、情動反応に関する扁桃体を中心とする大脳辺縁系の情報の左右連絡をおもに受け持っている。したがって、女性が男性に比べて情報的に細やかなのは、前交連による情報交換の度合いが多いからかもしれない。

ラットなどの実験動物の脳には、性的二型核SDN-POA (sexually dimorphic nucleus of the preoptic area) という神経核が内側視索前野にあって、雄のほうが雌より大きく、ニューロン数も多い[20]。ヒトの脳にもSDN-POAに相当する神経核群がオランダの研究グループとカリフォルニアのグループによってそれぞれ報告されているが、両グループの結果は必ずしも一致していない。

図2・15のように、視索前野から視床下部前野にかけて四つの亜核からなる前視床下部間質核INAH (interstitial nucleus of the anterior hypothalamus) があって、その中で、INAH-2、3に男女差があり、共に男性のほうが女性より大きいとカリフォルニアグループは主張している。ここで興味のあることは、エイズで死亡した同性愛者の脳でINAH-3が異性愛男性のものより

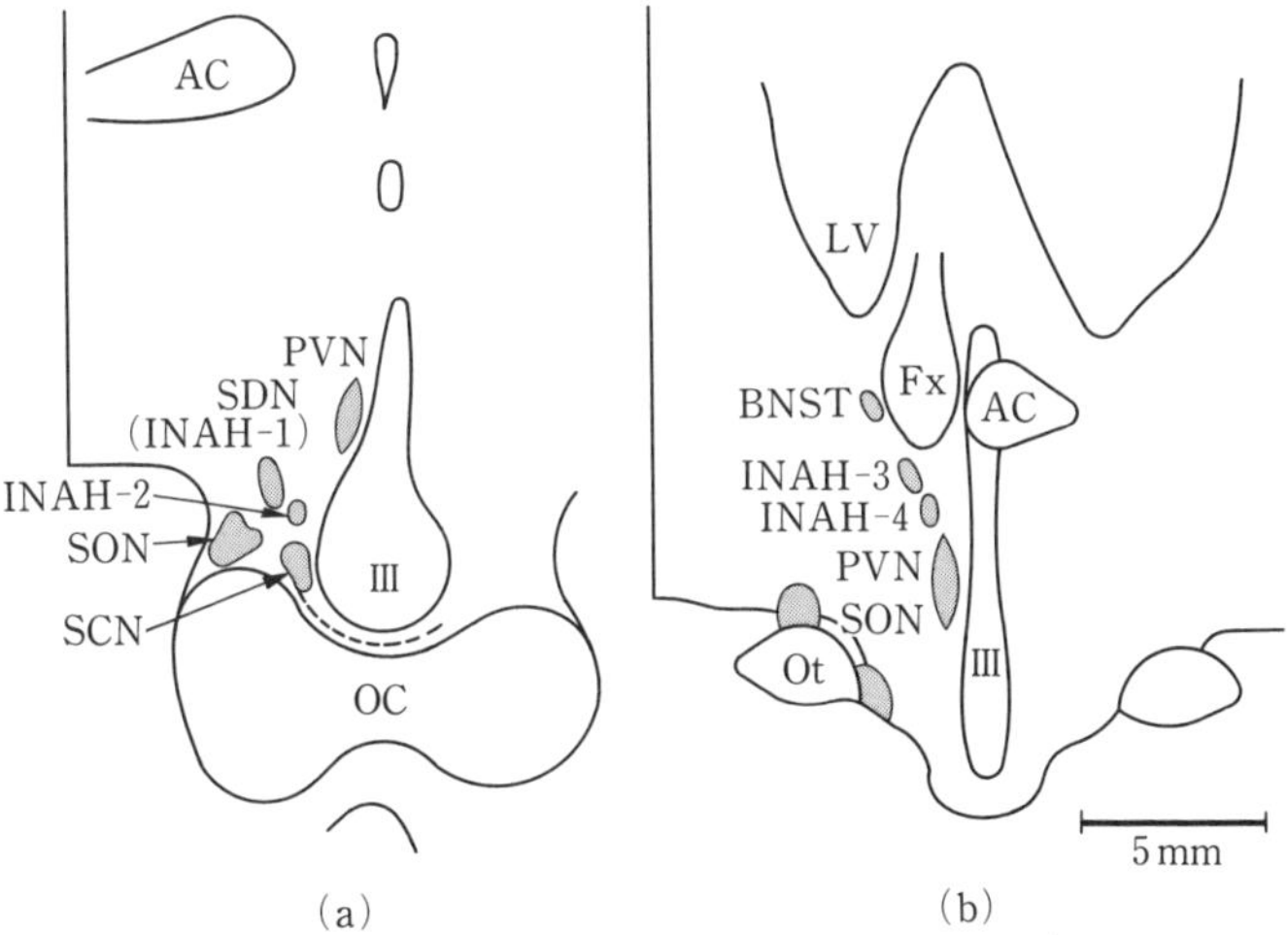

図 2.15　ヒトの視床下部性的二型核神経細胞群
III：第 3 脳室，AC：前交連，BNST：分界条床核，Fx：脳弓，INAHI-4：前視床下部間質核，LV：側脳室，OC：視交叉，Ot：視索，PVN：室傍核，SCN：視交叉上核，SDN：性的二型核，SON：視索上核

有意に小さく、女性のものにほぼ等しいという結果が報告されたことである。

一方、オランダの研究グループはSDN-POAはINAH-1であって、男性のものは女性より大きく、同性愛者と異性愛者との間では差は認められなかったが、男性から女性へ性転換した性同一性障害者では、女性のINAH-1に等しいと報告している。

また、オランダグループは図2・15の分界条床核（BNST）の大きさに男女差があって、男性のほうが女性より大きく、しかも、男性から女性への性転換した者の脳では女性と同じであったという。しかし、同性愛男性と異性愛男性との間の差はなかったという。

同性愛や性同一性障害に関しては3章で臨床例が述べられるが、同性愛の場合は性的指向が問題で、自分のからだの性とジェンダー・アイデンティティは一致しているのに対して、後者では、からだの性とジェンダー・アイデンティティが不一致で悩むわけである。したがって、脳の決めた性にからだを合わせようとする。性的指向とジェンダー・アイデンティティとに関係する神経機構には重複するところはあると思われるが、図2・15にみられるように、別々の部位が関係しているとすると、この問題を解くなんらかの鍵がこのあたりに潜んでいるのではないかと考えられる。

ヒトの脳の機能的な性差や形態的性差の成因メカニズムについては、いまのところわかっていない。ラットなどの実験動物の結果から、周生期の脳に対して性ステロイドは、ニューロン数の調節、軸索や樹状突起の伸展、シナプス形成の促進などに重要な鍵を握っていると想定できる。(4、5)

ＳＤＮ-ＰＯＡのように、雌に比べて雄でニューロン数が多い神経核では、周生期のアンドロゲンはニューロンの増減に働くのではなく、アポトーシスを押さえるように働く。したがって、ＳＤＮ-ＰＯＡにはアンドロゲンの作用を受けないと、アポトーシスを起こし細胞死するようにプログラムされたニューロンが多く含まれていて、周生期にアンドロゲンがほとんどない雌では、ＳＤＮの多くのニューロンはアポトーシスにより細胞死して、ＳＤＮのニューロン数が減少し、神経核の大きさが雌に比べて小さくなる。

一方、雌に比べ雄のほうが大きい神経核、例えば、前腹側脳室周囲核ＡＶＰＶＮ-ＰＯＡ(anteroventral periventricular nucleus of the POA)では、周生期のアンドロゲンがアポトーシスを促進するように働く[6]。この神経核では、アンドロゲンの作用を受けないと、生存するようにプログラムされたニューロンが多く含まれていることを示し、雌で神経核が大きくなるのである。

最近、アカゲザルでも、ヒトと同じＩＮＡＨ-1、2、3、4が存在することが報告され、そのうちＩＮＡＨ-3に雌雄差があり、雄のほうが大きい。ここで興味のあることは、妊娠中に母親を介してアンドロゲンを処理された雌ザルのＩＮＡＨ-3が対照群の雌と比べて大きく、雄ザルとほぼ等しくなることが判明した。このことはヒトのＩＮＡＨ-3の男女差にも周生期のアンドロゲンの作用が関与している可能性を示すものである[4]。

周生期の性ステロイドは性ステロイド受容体含有ニューロン系のニューロンの生存ばかりでな

く、軸索や樹状突起の伸展やシナプス形成を促進することが知られている[4]。性ステロイドの働きによりこれらのニューロン系の神経回路に性差を生じ、性ステロイドに感受性の高い、性差のある神経回路が組み込まれたシステムにより神経内分泌調節や性行動発現の神経機構ができあがる。内分泌や行動反応の性差は、これらの神経機構のハードウエアの反応として発現すると考えられる。

（新井康允）

(b) 脳の性分化とホルモン受容体

(1) 脳の性分化についての古典的な概念

脳には形態学的な性差がある

人を含めた動物には明らかな性差がある。性差は、機能的な性差と形態的な性差とに分けることができるが、機能的な性差が生じるためには形態的な性差が裏付けになっていると考えられる。実際に多くの動物では体型などの外見から性差が判別できる。動物は種の保存のための戦略として雌雄両性の存在を選択していることから、とりわけ生殖活動に関連した機能については性差が顕著であることは当然のことといえる。性行動や向性腺ホルモンの分泌など、生殖活動に対して脳が重要な役割を果たすことが明らかになってきた時代から、脳には機能的な性差が存在することは自明のことと考えられてきた。

しかしながら、脳の形態学的な性差が明らかになったのは比較的最近のことといえる。一九七六年にノッテボームとアーノルド(49)が、鳴鳥（カナリアとキンカチョウ）のさえずりに関係する脳内の神経核の大きさが雄で大きく雌で小さいことを報告し、続いて一九七八年にゴルスキー(20)のグループが、ラット視索前野領域に雄で大きく雌で小さい性的二型核を報告した。これらの研究に触発されて、脳内の形態学的な性差についてはつぎつぎに多くの報告が発表された。

ヒトの脳においても形態学的な性差があり、たとえば視床下部前野の間質核（interstitial nucleus）の一部については男性のほうが女性の場合よりも大きいこと(2、62、63)、また左右の大脳半球を連絡する脳梁のうち後部の膨大部の形状が女性と男性と異なること(3)、脳梁を横断する線維の密度は女性のほうが男性よりも高いことなど(27)が報告された。一方では、言語能力については女性のほうが男性より優れているという報告(12)があり、これらの男女の脳の形態的な性差が機能の性差に関連があることを考えたくなる。ヒト脳を材料とする場合は試料蒐集などに制約があること、記憶・学習能力などヒトの高次機能について男女間の差を統計学的に確定することは容易でないことなどから、多くの報告を細かく見るとおたがいに矛盾する結果もあるのだが、実際にこれらの領域に性差が存在することは明らかのようである。

精巣が脳の性差を決定する

哺乳動物のうちでもラットやヒトなど雌が性周期をもち、雄は性周期をもたない種類では機能的な性差が出現したかどうかの判定を性周期の有無で行うことができる。血中のエストロゲン値が高いと膣上皮は角質化するが、この現象は毎日膣スメアを採取して顕微鏡で観察することによりきわめて容易に判定できる。プファイファー(55)は、出生当日の雄ラットの精巣を同腹の雌ラットの皮下に移植すると、雌ラットは成熟後も性周期を示さなくなることを報告した。この研究は脳の性分化を決定する要素を確定した最初期の報告といえる。当時は脳が脳下垂体を支配しているという概念が確立していなかったために、プファイファーは、新生仔期の精巣が分泌する物質が、脳ではなく脳下垂体の性分化を決定すると考えた。その後の多くの研究によって、神経系の未発達な時期である特定の期間に、精巣が分泌するステロイドホルモンであるアンドロゲンが存在することによって脳が雄性化することが明らかになった。ステロイドホルモンによって脳の機能が決定する時期を、ゴルスキーらは臨界期（critical period）とよんだ。ラットの場合は胎生期後期から新生仔期にかけての期間にあたり、ヒトの場合は妊娠初期にあたる。多くの実験が主としてラットを材料として行われ、つぎのような事実が明らかになった。

① 臨界期の雌動物へのアンドロゲン、特にテストステロンの投与によって性周期が喪失し、無排卵、連続発情を示し(7、8)、性行動形式も脱雌性化する。

② 出生直後の雄動物から精巣を摘除すると、成熟後に卵巣と膣とを同時に皮下に移植し、移植片から膣スメアを採取することにより、性周期に類似の状態が観察されること。この卵巣には排卵を示す黄体が検出される(73)。

③ 正常の雄ラットと、出生直後にテストステロンを投与した雌ラットでは、前眼房内に卵巣片を移植すると卵巣片には黄体が見られないが、正常雌ラットと、出生直後精巣を摘除した雄ラットでは前眼房内卵巣移植片に黄体が見られる[23]。

④ 妊娠した母ラットに抗アンドロゲン作用をもつ薬剤を投与することによって新生仔期に精巣除去を行った雄動物に見られたと同様の結果が得られた。この手法は化学的去勢実験とよぶことができる。

⑤ 臨界期の脳内にはテストステロンをエストロゲンに転換する酵素である芳香化酵素(aromatase) が存在する[39、46、47]。

⑥ 臨界期の雌動物へのエストロゲン投与によっても、テストステロン投与と同様の現象が観察される[21、64]。一方、エストロゲンに転換されないアンドロゲンであるジヒドロテストステロンでは雄性化の効果が見られない[36~38]。

⑦ 妊娠後期の母動物では、肝臓がエストロゲンと特異的に結合するタンパクであるαフェトタンパク (α-feto protein) を生産する[40]。

これらの研究によって、一九七〇年代の終わりまでには脳の性分化について、〔動物脳の原型は雌型であり、「臨界期」に性ステロイドホルモンに曝露することによって雄型に変化する」という概念が確立した。すなわち、胎仔期から新生仔期にかけて精巣が分泌するテストステロンは、「臨界期」の未発達な脳に到達し、芳香化酵素の働きによってエストロゲン（この場合はエストラジオール）に転換される。エストラジオールは性機能に関係するニューロンに作用して脳の神経回路を雄型に決定する。一方、雌動物の場合は臨界期における卵巣の発達は未熟であり、脳の機能を雄に決定するために十分な量のエストロゲンは分泌しない。また、母動物の血中に存在し、胎盤を通して胎仔の脳に到達する可能性がある高値のエストロゲンは、血液中でαフェトタンパクと結合することによって、胎仔脳の未分化なニューロンの中に侵入することができない。この時期までのこれらの研究の成果は、ゴイとマックィーエンによって簡潔にまとめられ、一九八〇年に「脳の性分化（Sexual Differentiation of the Brain）」という単行本で出版された[22]。

この概念は、しかしながら、もはや「古典的概念」である。これらの研究と並行して、必ずしもこの概念にはおさまらないいくつかの事実が明らかになった。脳の性分化についての新しい概念を構築するには、下記の事実を考慮する必要がある。

① 脳ステロイドの関与——性ステロイドホルモンはかなりの量が脳内で生産されることがわかってきた。したがって、脳の性分化に関与する性ステロイドホルモンは必ずしも精巣から供給されるだけではない。

② 雌脳の機能を決定するエストロゲン受容体——雌型の脳の分化にもエストロゲンまたはエストロゲン受容体が必要な事実が報告されている。

③ 転写調節因子の関与――エストロゲンなどのステロイドホルモンがニューロンなどの細胞に作用する場合には核内受容体と結合する。細胞核内に存在する受容体タンパクはステロイド受容体スーパーファミリーと名付けられる一群のタンパクに属し、ホルモン結合部位、DNA結合部位など共通の構成要素をもち、タンパク間である程度似通ったアミノ酸構造を共有している。これらのタンパクはすべて、標的遺伝子の上流域に存在するホルモン応答配列(hormone responsive element)に結合して転写活性を調節している「転写調節因子」であることが判明した。ところで、転写調節因子はステロイドホルモン受容体タンパク以外にもいろいろな種類の調節因子が存在し、これらがおたがいに結合することによって基本転写因子を活性化したり抑制したりしている。したがって、ステロイドホルモンが遺伝子発現を調節していることは確実なことではあるが、この過程に関与するさまざまな転写調節因子のかかわり合いについても解析する必要がある。

④ 性分化決定遺伝子の存在――性分化に関与する遺伝子として、Y染色体上に存在する*Sry*が明らかになった。この遺伝子によって核結合タンパクである*Sry*がつくられる。*Sry*タンパクはDNA結合領域をもち、この領域で標的遺伝子のDNA鎖を曲げて他の転写調節因子がその結合配列に結合しやすくし、その結果として転写を活性化するという機構が提唱されている。

⑤ 性ステロイドホルモンと無関係に発現する性分化との関連――有袋類のワラビーやカンガルーの雌に特徴的な育児囊は性ステロイドホルモンと無関係にできる。性ステロイドホルモン以外の

物質が性分化に関与していることは明らかである。脳の性分化の場合にも、これらの化学物質が関与している可能性がある。

(2) 脳内のエストロゲン受容体

エストロゲン受容体欠損マウスの報告

一般に性ステロイドホルモンが細胞に働く際には、細胞内に存在する受容体と結合することが必要となる。とりわけ、これらの受容体はリガンドであるステロイドホルモンと結合することによって活性化する転写調節因子として知られている。「臨界期」の未熟な脳に到達したテストステロンは、芳香化酵素によってエストロゲンに転換され、ニューロンに取り込まれてエストロゲン受容体と結合するものと考えられる。脳の性分化に直接的に関与する責任遺伝子がなんであるかはいまだ明らかではないが、性差の発現が形態学的な基礎に立っていることから、ニューロンの細胞体と回路網を構成するタンパクなどの物質の生産と密接に関連しているものと考えられる。エストロゲン受容体は以前から一種類のタンパクが知られていたが、最近になって、ラットの前立腺から構造が異なる受容体分子が発見された。したがって、旧来のエストロゲン受容体タンパクをα型（ERα）、新たに見いだされたタンパクをβ型（ERβ）とよぶようになった[29、30]。その後、ERβのリガンド結合領域であるE-ドメインに十八個のアミノ酸が挿入された変異体の存在も報告されている[35]（図2・16）。

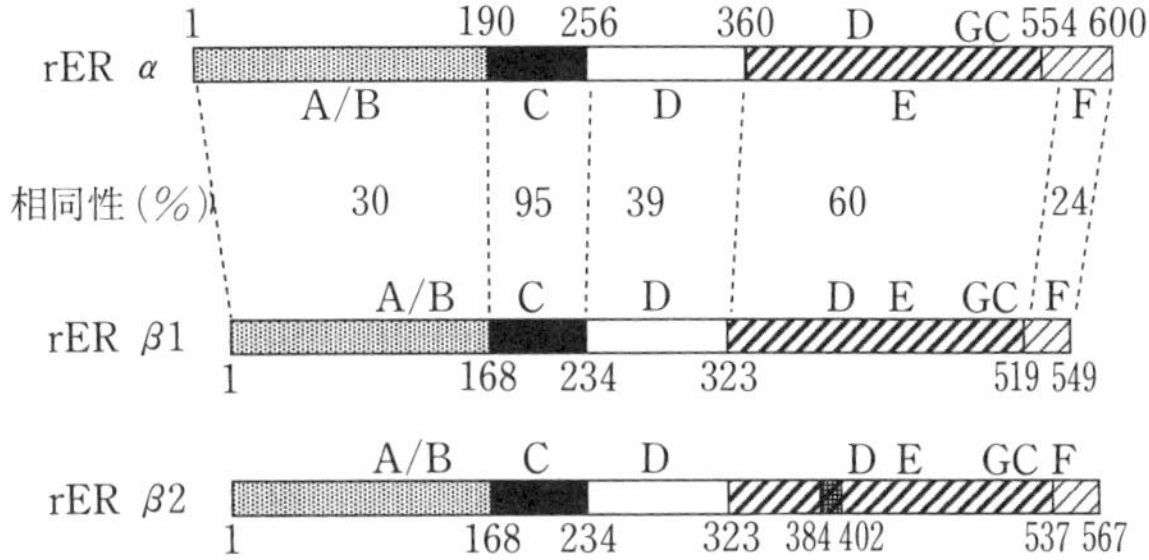

図 2.16　ラットの ERα と ERβ 1，ERβ 2 の構造の比較。これらの ER は機能の異なる A-F の部分（ドメイン）からできている。C-ドメインは，DNA 上の ERE と結合し ERα と ERβ 1（および ERβ 2）の間で 95 % の高い相同性がある。数字は N 末アミノ酸を 1 番としたアミノ酸番号。ERα は 600 個の，ERβ 1 は 549 個のアミノ酸からできているポリペプチドである。ERβ 2 は，ERβ 1 の E-ドメインに 18 個のアミノ酸が挿入された構造をしている。C-D-G（Cys-Asp-Gly）の組合せの三次元構造がリガンドであるエストラジオールを包み込むように結合する。ERβ 1，ERβ 2 の構造は，Genbank らのデータベースに記載されているものと異なるが，Gustaffson のグループの Enmark から連絡があったアミノ酸配列の修正を加味して作図してある。（林原図）

一方、遺伝子工学の技術が進歩し、マウスについては特定の遺伝子発現を欠如した動物を作成することが可能になり、ERαノックアウトマウス（estrogen receptor α knock-out mouse, ERKO mouse）が作成された。この動物の性機能を解析して、脳の雄性化にはERαが必須なことが明らかになった[50、70]。ERβノックアウトマウスの解析についての報告も、いくつかの研究室から出されていることから、近くその詳細が明らかになることと思われる。

新生仔ラット脳内のエストロゲン受容体分布

われわれの研究グループは、独自に作成したラットERαを特異的に認識するポリクローナル抗体を用いてラット新生仔の脳内におけるERα細胞の分布を検討した。ERαを含むニューロンは、生殖に関連する神経核として知られている視索前野、分界条床核、視床下部弓状核、視床下部腹内側核外側底部、内側扁桃体核、中脳灰白質などに分布していた[75]（図2・17）。

新生仔ラット脳内の芳香化酵素の分布

ラット脳内に出現する芳香化酵素の免疫組織化学を行い、ERαの分布と比較した。両者の脳内分布はほぼ一致していたが、いくつかの領域では異なっていた。両者が共通に分布していた領域は、生殖活動に関連すると考えられている神経核であった[74]。この事実は、先に述べた脳の性分化の概念によく一致している。すなわち、精巣起源のテストステロンが性分化が生じる脳内領域に到達し、芳香化酵素の働きによってエストロゲンに転換し、ニューロンの性質を変化させるとする概念

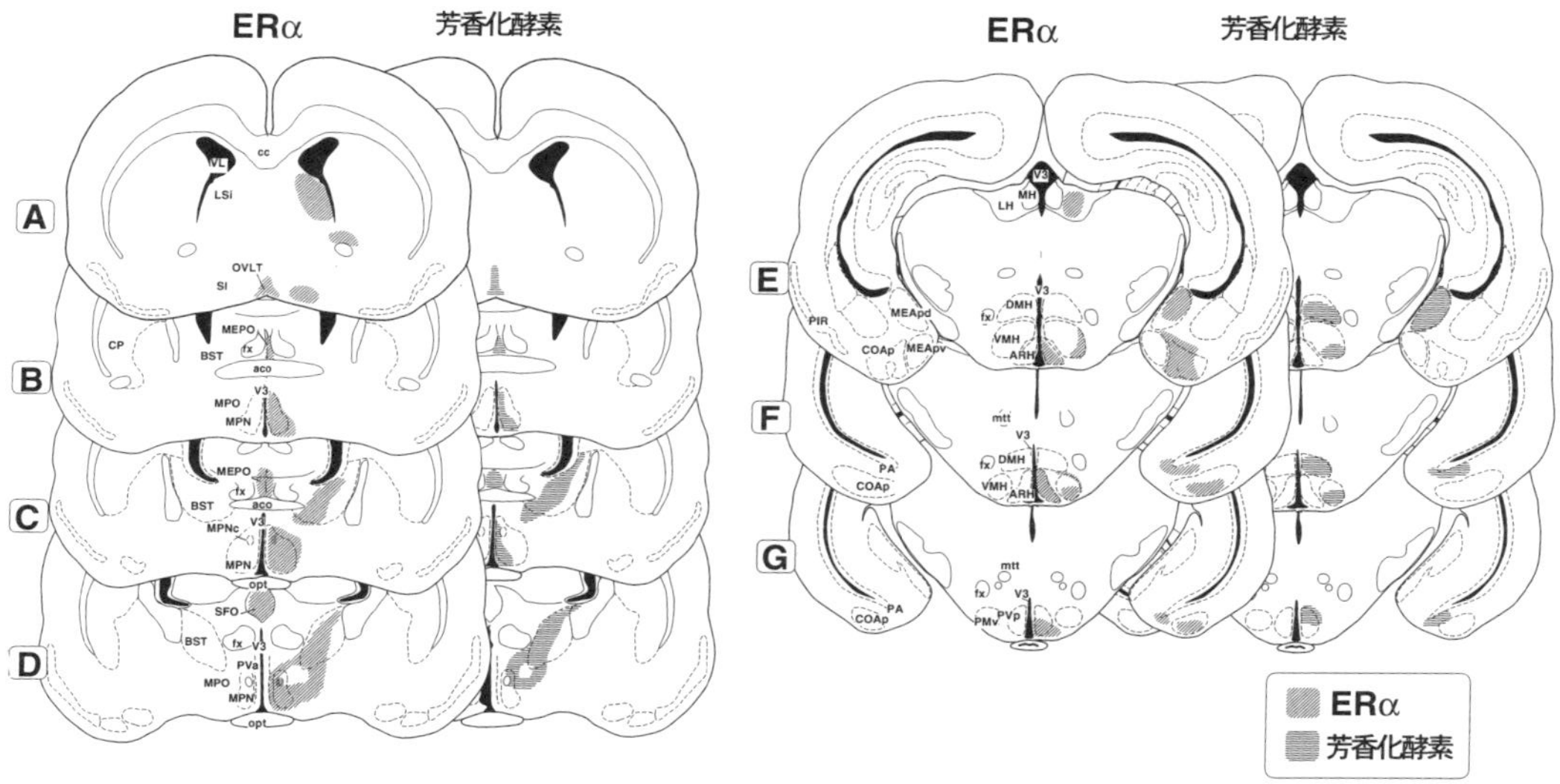

図 2.17　新生仔ラット脳の ERα と芳香化酵素の分布。出生後 24 時間以内の雌ラットの隣接切片をそれぞれの抗血清を用いて染色した。両者の分布領域は視束前野，分界条床核，視床下部腹内側核腹内側部，内側扁桃核などでは一致しているが，外側中隔，外側手綱核，視床下部弓状核，視床下部背内側核では一致していない。（横須賀・林，1994 より改変）

によく適合する[25]（図2・17）。

一方、芳香化酵素の発現はテストステロンによって促進される。[32]「臨界期」の雄では、精巣が分泌するテストステロンが脳内の芳香化酵素の活性を高め、その結果としてつくられるエストロゲンが増えるのであれば、エストロゲンによって引き起こされる脳の雄性化を促進することになり、合

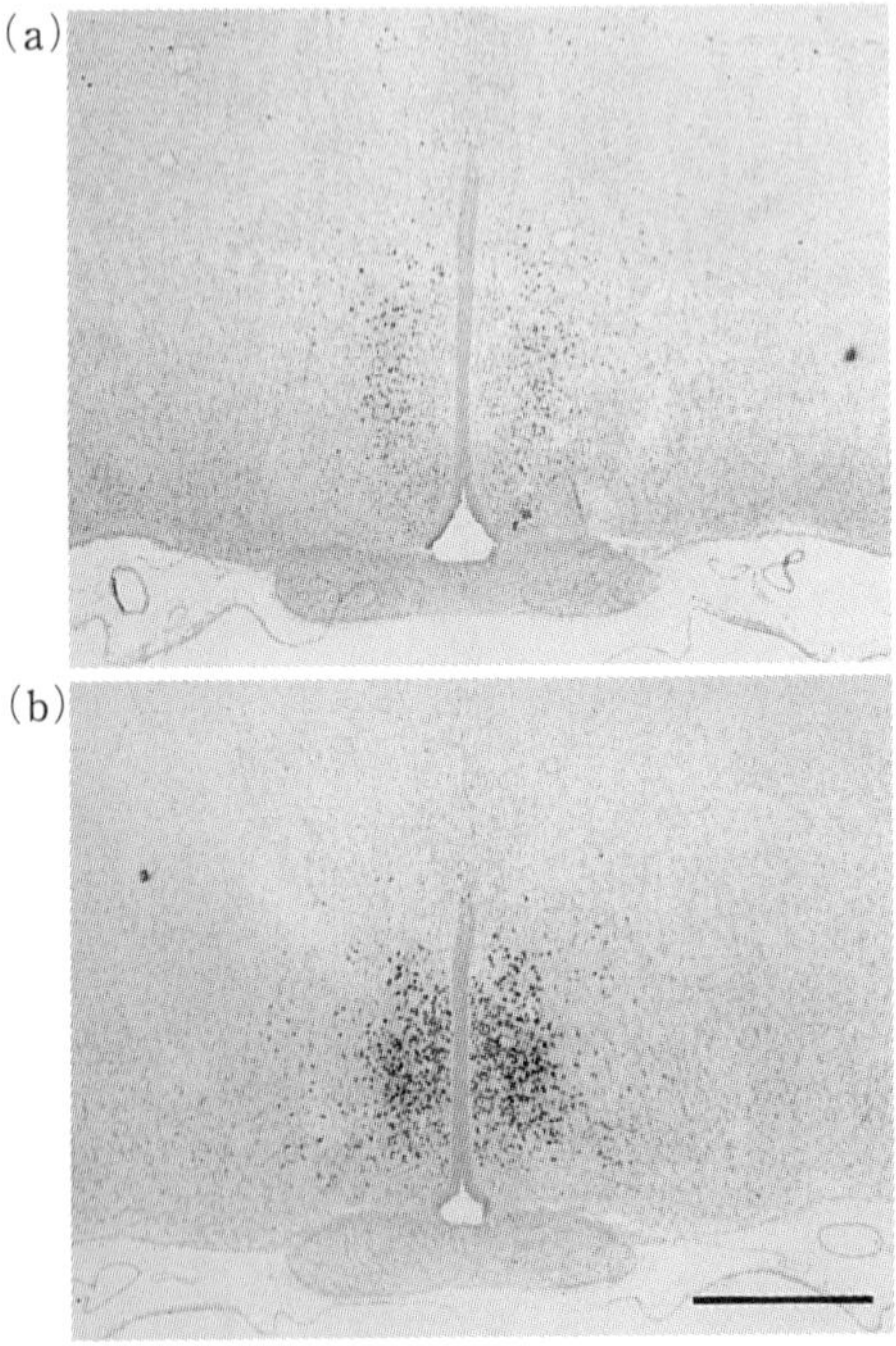

図2.18 ERα 免疫組織化学の性差。出生後4日齢ラットの視束前野における ERα 免疫組織化学。シグナルが検出できる領域には顕著な性差は見られないが，明らかに雌(a)のほうが雄(b)よりも強いシグナルを示している。横棒は 0.4 mm を示す。（林原図）

理的である。

脳内エストロゲン受容体分布の性差

それでは、ERαタンパクについては、「臨界期」の動物では雄のほうが雌に比べて多いのであろうか。実際に、免疫組織化学によってERαタンパクを検出してみると、明らかに雌のほうが雄よりも高い。さらに、mRNAを検出するインシチュウハイブリダイゼーションによってERαタンパクの遺伝子発現を検討しても、同様の結果が得られる。すなわち、ERαについていえば、リガンドによって抑制調節（down-regulation）を受けているといえる[25]（図2・18）。

(3) 脳内のアンドロゲン受容体

腹側前乳頭核のアンドロゲン受容体

脳の性分化という視点で考えた場合、脳内のアンドロゲン受容体はなにをしているのであろうか。血液中のテストステロンが細胞質内に取り込まれて、芳香化酵素によってエストロゲンに転換されるのであれば、脳内にアンドロゲン受容体がある必要はない。しかしながら、実際に脳の切片上でアンドロゲン受容体の免疫組織化学を行うと、いくつかの領域ではエストロゲン受容体が検出されない神経核にアンドロゲン受容体が検出される。そのうちの顕著な領域は、視床下部の尾側にある腹側前乳頭核（PMv、ventral premammillary nucleus）である。PMvにおけるアンドロゲン受容体の免疫活性は、雄やアンドロゲンを注射した雌では高いが、正常の雌や出生直後に精巣

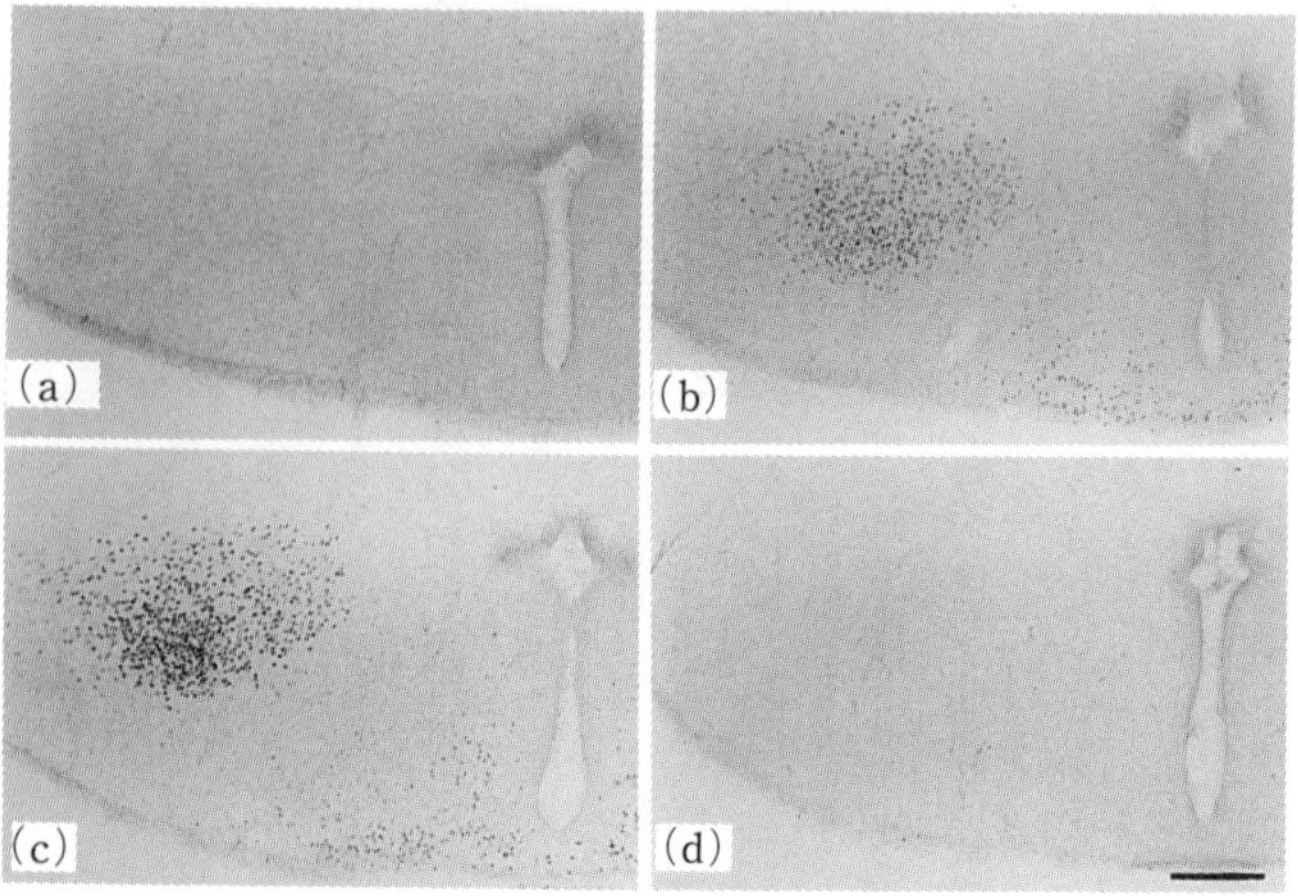

図 2.19 PMv におけるアンドロゲン受容体。生後 6 日齢の腹側乳頭前核（PMv）のアンドロゲン受容体の免疫組織化学。(a) 正常雌，(b) 正常雄，(c) 正常雌に生後 4 日齢と 5 日齢に 0.1 mg の DHT（5 α-ジヒドロテストステロン）を注射したもの，(d) 出生後 24 時間以内に精巣を摘除した雄。アンドロゲン投与によってアンドロゲン受容体がニューロンの細胞核内に強く検出されるようになる。横棒は 0.1 mm。(横須賀誠博士の提供による原図)

を摘出した雄では検出されないかまたはきわめて低い[76]（図2・19）。この神経核内のニューロンが内側視索前野、分界条床核、視床下部腹内側核外側底部などの生殖活動に関係する脳内領域に投射していること[11]、雄のハムスターやスナネズミでは、ニューロンの活性化の指標となっているc-FOS活性が[67]、性行動などに並行してPMvで上昇すること[26、28]、雄ラットのPMv破壊が攻撃行動を促進することなどから、この神経核が、雄動物ではアンドロゲンの直接的な支配を受けていることを示唆している。「臨界期」のアンドロゲンが、少なくともこの神経核ではエストロゲンに転換されることなく、直接的に脳の性機能を決定するために働いている可能性がある。

海馬のアンドロゲン受容体

記憶などの機構に関係していると考えられている海馬のうちの、アンモン角（CA、cornus ammon）は、細胞構築の違いから1から4の領域に分けられ、それぞれCA1－CA4とよばれている。このうちCA1、CA2の錐体細胞にはアンドロゲン受容体が検出されるが、CA3、CA4にはアンドロゲン受容体は検出されない[24]。一方、去勢雄ラットにストレスを与えるとCA3、CA4の錐体細胞に壊死を引き起こすが、アンドロゲン投与によって壊死の程度は抑えられる。雌ラットの場合は、卵巣除去を行ったか否かで錐体細胞の壊死の程度には差は見られない[41]。さらに、CA3の錐体細胞の樹状突起の分枝がストレスによって減少する現象は、雄ラットに見られるが雌ラットにはない[19]。これらの報告は、ストレスに対する反応性（または抵抗性）に雌雄の差が存在す

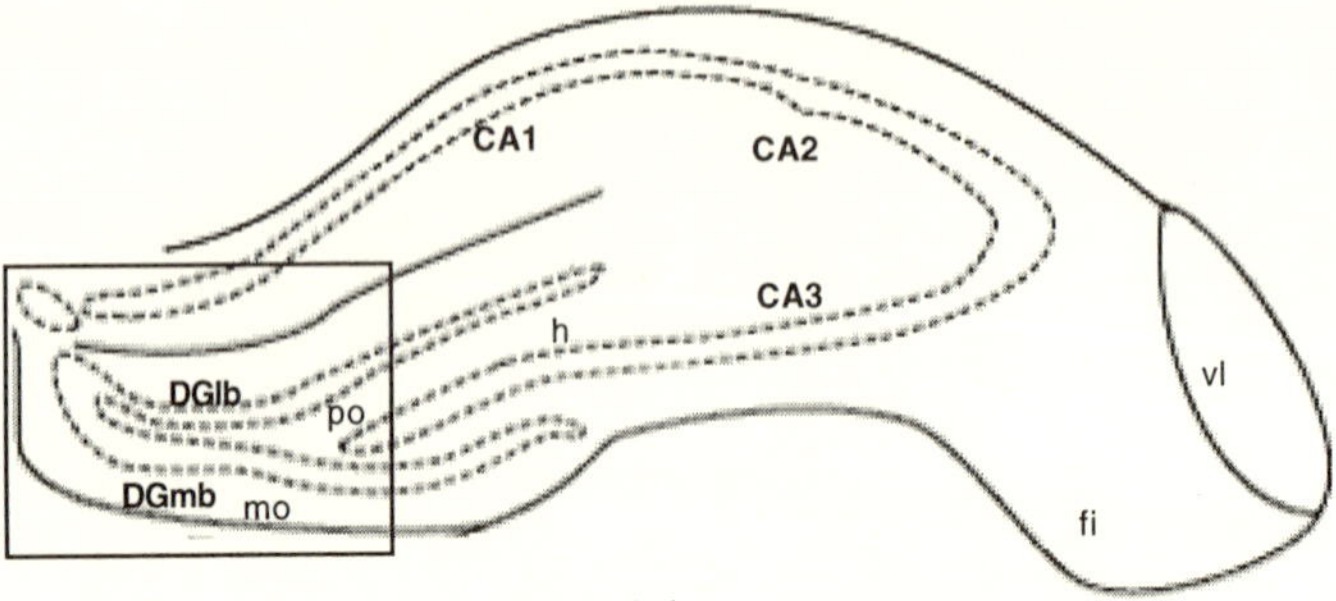

(a)

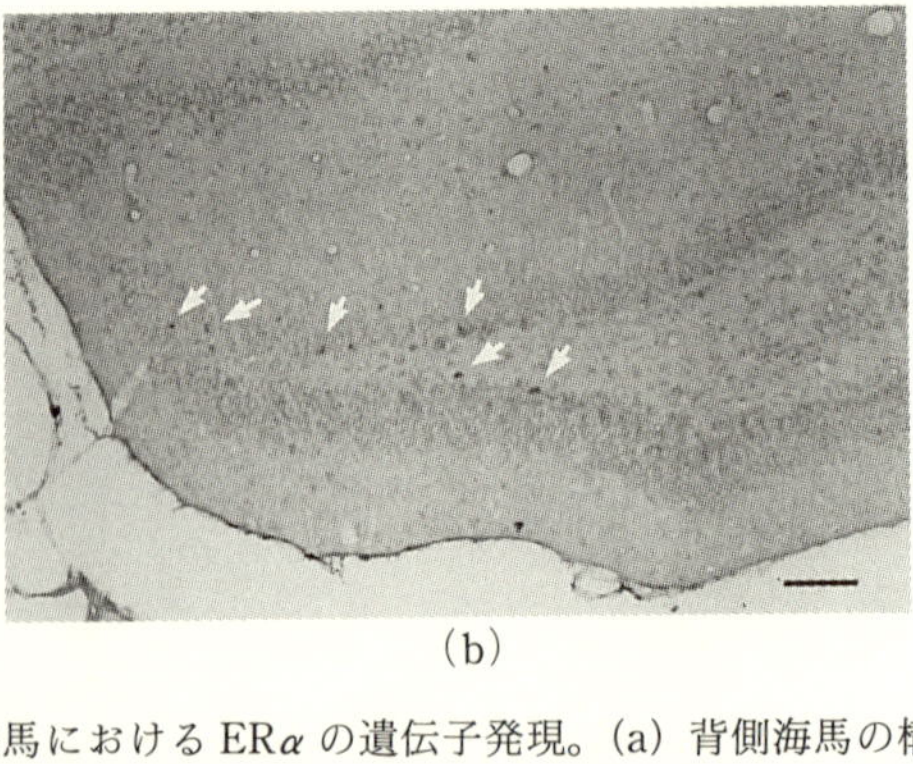

(b)

図 2.20　海馬における ERα の遺伝子発現。(a) 背側海馬の構造を示す。枠で示した領域の insitu hybridization 組織化学の結果を(b)に示す。海馬歯状回の内側（海馬門）の介在ニューロン（矢印）に ERα mRNA の発現が見られる。海馬歯状回の顆粒細胞にはシグナルは検出されない。横棒は 0.1 mm。(林原図)

ることを示しているが、新生仔期の血中アンドロゲン値の性差に起因するものであるかは検討する必要がある。

われわれは、この問題と関連して、海馬におけるERαの発現について免疫組織化学とインシチュウハイブリダイゼーションによって検索したが、ERαはアンモン角の錐体細胞や歯状回の顆粒細胞にではなく、歯状回の海馬門（hilus）内に存在する介在ニューロンに散在的に検出されたのみであった[51, 69]（図2・20）。一方、海馬では芳香化酵素は検出されない。したがって、アンドロゲンの海馬に対する作用はアンドロゲン受容体を介したものであり、エストロゲンに転換してから作用しているのではないようである。

視索前野の性的二型核（SDN-POA）のアンドロゲン受容体

ゴルスキーらの発見したSDN-POAは、雄で大きく雌で小さい。ラットの視索前野ではこの神経核には、興味あることにERαの免疫染色性がその周囲の領域に比べて低い[76]。一方、アンドロゲン受容体の免疫組織化学を行うとSDN-POAは周囲に比べて強く染色される。この神経核はERαが少なくアンドロゲン受容体が多いものと考えられる[24]。しかしながら、この事実のもつ生理学的な意味合いは不明である。

(4) ERαとERβの相互干渉の可能性

脳内のERαをもつニューロンとERβをもつニューロンの分布領域は必ずしも一致していな

いが、生殖活動に直接的に関係する神経核である内側視索前野や分界条床核では、両者がほぼ同じ領域に分布している。これらの二つの受容体がはたして同一ニューロンに共存しているかどうかをいうにはさらに検討が必要であるが、その可能性はきわめて高い。エストロゲン（E2）がその標的細胞で機能するときには、エストロゲン受容体（ER）と結合して、ER-E2の構造となり、さらにこれらがE2-ER＝ER-E2の二量体を形成し、標的遺伝子の5'-上流域にあるエストロゲン受容体応答配列（ERE、estrogen responsive element）に結合して活性を示すようになると考えられている（図2・21）。さらに、この機構とは別に、E2と結合したERは核結合タンパクであるFos-Jun複合体と結合し、Fos-Jun複合体（AP-1とよばれる）はDNA上のAP-1結合配列に結合して活性を示すことが知られている（図2・22）。培養細胞を用いた実験ではERαとERβとはEREとAP-1結合配列とで転写活性が異なることから、ERαとERβとは相互に干渉しあって働く可能性がある。[54]

このように培養細胞の系で観察された現象が、同様に脳でも生じるかどうかは、明らかではない。さらに、成熟ラットの脳内ではE2はERαの発現に対して抑制的に働くことが知られているが、少なくとも視床下部室旁核《しつぼうかく》でのERβの発現はE2によって促進される。[53] これらの報告から、脳の性分化の際にERαとERβが相互に干渉作用を示す可能性がある。この点についてはさらに検討が必要である。

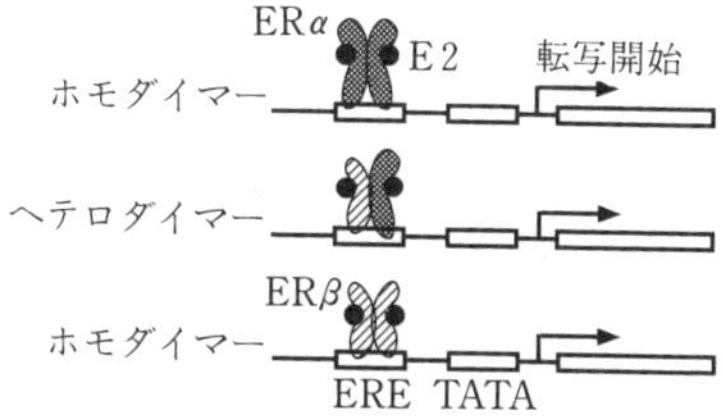

図 2.21　エストロゲン応答配列（ERE）での ERα と β との干渉作用の可能性を示す模式図。ERα と ERβ は，リガンドと結合した状態で，同質二量体（ホモダイマー）を形成し，標的遺伝子の 5'-DNA 上流域にある ERE と結合する。一方，脳などのエストロゲンの標的組織内で，ERα と β との異質二量体（ヘテロダイマー）もつくられる可能性がある。その場合は異質の受容体タンパクが競合的に働いて活性阻害が生じる可能性がある。（原図）

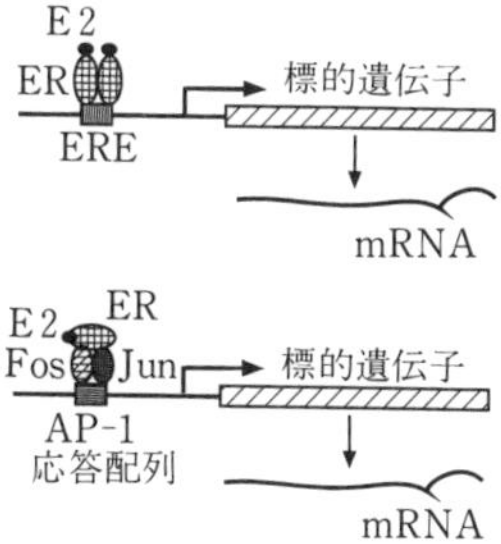

図 2.22　ERα と β との干渉の可能性を示す図。ERE が関与する場合と異なり，ER は AP-1 結合領域に結合する場合がある。この場合も ERα と β とがおたがいに干渉作用を示す可能性がある。（Peach, et al., 1997 の作図を改変）

(5) 予想される今後の研究の展開

脳の性分化を解析する際には、エストロゲン受容体、アンドロゲン受容体などのステロイドホルモン受容体の関与を検討する必要がある。このためには、分子生物学的な手法によって、脳に限らず、動物細胞内で遺伝子発現に際してのリガンドと受容体の関係と、それらが働く際にどのような機構が存在するかを解析することが重要である。また同時に、脳内の特定領域で性分化が決定する時期にどのような現象が見られるかを検討することも重要である。後者の解析のためには、免疫組織化学やインシチュウハイブリダイゼーションなどの形態学的な手法が重要になる。

また、性ステロイドホルモンが脳の性分化に関与する時期は脳の発生の後期に限られるが、性ステロイドホルモン受容体の発現を調節する物質や、その発現の場となるニューロンなどの細胞の脳内配置を決定する要因は、発生のさらに初期に生じるものと思われる。脳の初期発生を支配している物質の研究はここ十年間ほどで急速に進展したが、後期発生に見られる現象とのつながりが十分に明らかになっているとはいえない。脳の発生初期に生じる現象は、ニューロンやそれに付随する細胞の分化と移動が主たるものであるが、脳の性分化をも含めた発生後期に見られる特徴は、神経細胞が分泌する伝達物質やホルモンなどの機能物質が作用する標的細胞で生産される因子による一種のフィードバック制御がみられることであろう。脳の発生に伴ってこのようにシステムが変化することは、動物が単純な胚から一つの統一した個体として成り立つように変化していくことを意味している。脳の初期発生の時期にすでに生じている機構と，後期発生においてはじめて顕在化する機構とが，物質的に，また形態的にどのように接続しているのかを解析することが，今後の一つの課題となるであろう。（林　縝治）

(c)　脊髄の性分化

中枢神経系のうち，生殖腺刺激ホルモンの分泌調節や性行動の発現に関与する部位を通常「性中枢」とよんでいる。性ホルモンは性中枢に構造的・機能的な変化を引き起こすことが知られ，その作用は形成的なものと刺激的なものとに分けられている。形成作用はニューロンの分化や神経回路形成の方向性を決める不可逆的なもので，性ホルモンが出生前後の一時期（臨界期）に未発達で可塑性に富んだ神経組織に作用してニューロンの数や形態，シナプス結合パターンを固定化する。この結果，性中枢の神経回路に構造的な雌雄差が生じ，それが生殖神経内分泌機能の雌雄差に反映するものと考えられている。一方，刺激作用はニューロンや神経回路の活動を賦活するもので，可逆的なものである。これはおもに成体における生殖腺刺激ホルモンの産生・分泌調節や性行動の発現といった比較的短時間で起こる現象である。

本項では，雄の性行動の神経機能に重要な役割を果たしている腰髄の球海綿体脊髄核（SNB，図2・23）の性差の発現機構に関する最近の知見を紹介する。

SNBの性差

雌雄の生殖器官には形態的にも機能的にもはっきりした性差があり、会陰筋の構造も異なるので、それを神経支配するニューロン群にも雌雄差があるのは当然である。成体雄ラットの脊髄のうち腰髄（第五～第六）の前角にあるSNB運動ニューロン（図2・23）は球海綿体筋、肛門挙筋、外肛門括約筋に神経線維を送っている。この神経核は背外側核とともにヒトのオヌフ核と相同な部

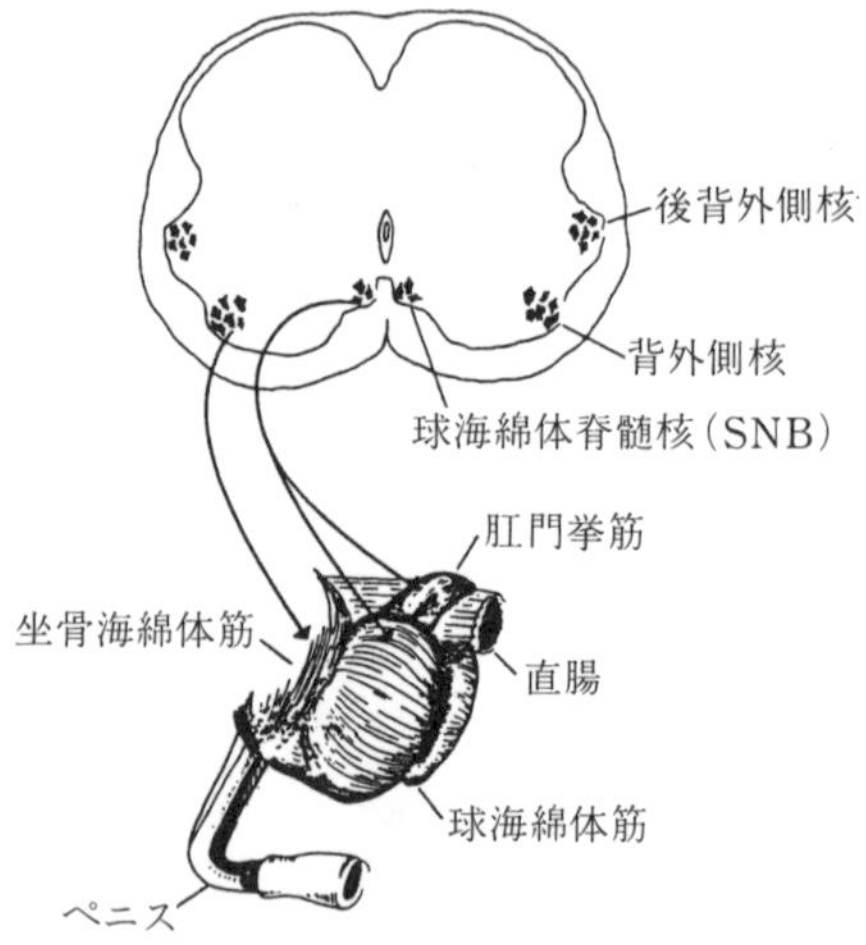

図2.23　雄ラット腰髄のニューロン群とそれらが神経支配する会陰筋の模式図

位である。球海綿体筋はペニスの尿道海綿体の基部（尿道球）を取り巻き，肛門挙筋は尿道球から直腸をまわって反対側の尿道球に達している。これらの筋はペニスの亀頭の勃起や交尾栓《せん》の形成にかかわっている。背外側核の運動ニューロンは坐骨海綿体筋と尿道括約筋を神経支配している。坐骨海綿体筋はペニスの陰茎海綿体と坐骨を結ぶ筋で，この収縮によってペニスの反り返りが起こる。したがって，雄の性行動の発現にはＳＮＢニューロン，背外側核ニューロン，球海綿体筋，肛門挙筋，坐骨海綿体筋が重要な役割を果たしていることがわかる。

成体雌ラットでは球海綿体筋，肛門挙筋，坐骨海綿体筋がほとんど退化しているため，ＳＮＢと背外側核のニューロン数やニューロンの細胞体の大きさには雌雄差が認められ，そのうちＳＮＢの雌雄差は著しい[9]。成体雄ラットのＳＮＢには約二〇〇個のニューロンがあるが，雌では約六〇個である（図2・24）。また，ＳＮＢニューロンの大きさは雄のほうが雌より大きい（図2・25）。雌でＳＮＢニューロン数の少ないことは，雌では外肛門括約筋に神経線維を送るニューロンのみが存在しているためである。

この部位の雌雄差はラット以外にマウス，スナネズミ，ハイエナ，イヌ，サルおよびヒトで報告されている。ヒトの場合，女性では雌ラットのように球海綿体筋，坐骨海綿体筋，肛門挙筋が欠落しているわけではないので，ラットのＳＮＢほど性差は著しくない[10]。

SNBの性差の発現機構

妊娠十八日の雌および雄のラットのSNBのニューロン数は成体雄の約四分の一ある。妊娠二十日では双方のニューロン数が増加するが、雄のほうが著しい[48](図2・26)。妊娠二十二日では雄のニューロン数は増加しているが、雌では増加しない。出生後になると雌雄共にニューロン数は減少するが、雌での減少が著しく、その結果SNBのニューロン数に性差が生じる。妊娠十六日から二

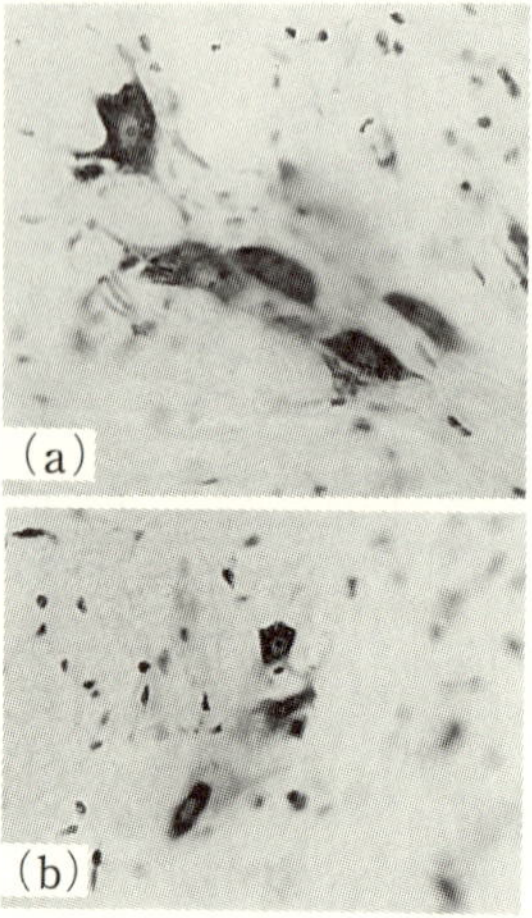

図2.24　成体雄ラット(a)と雌ラット(b)のSNBニューロン。×300。ニッスル染色。

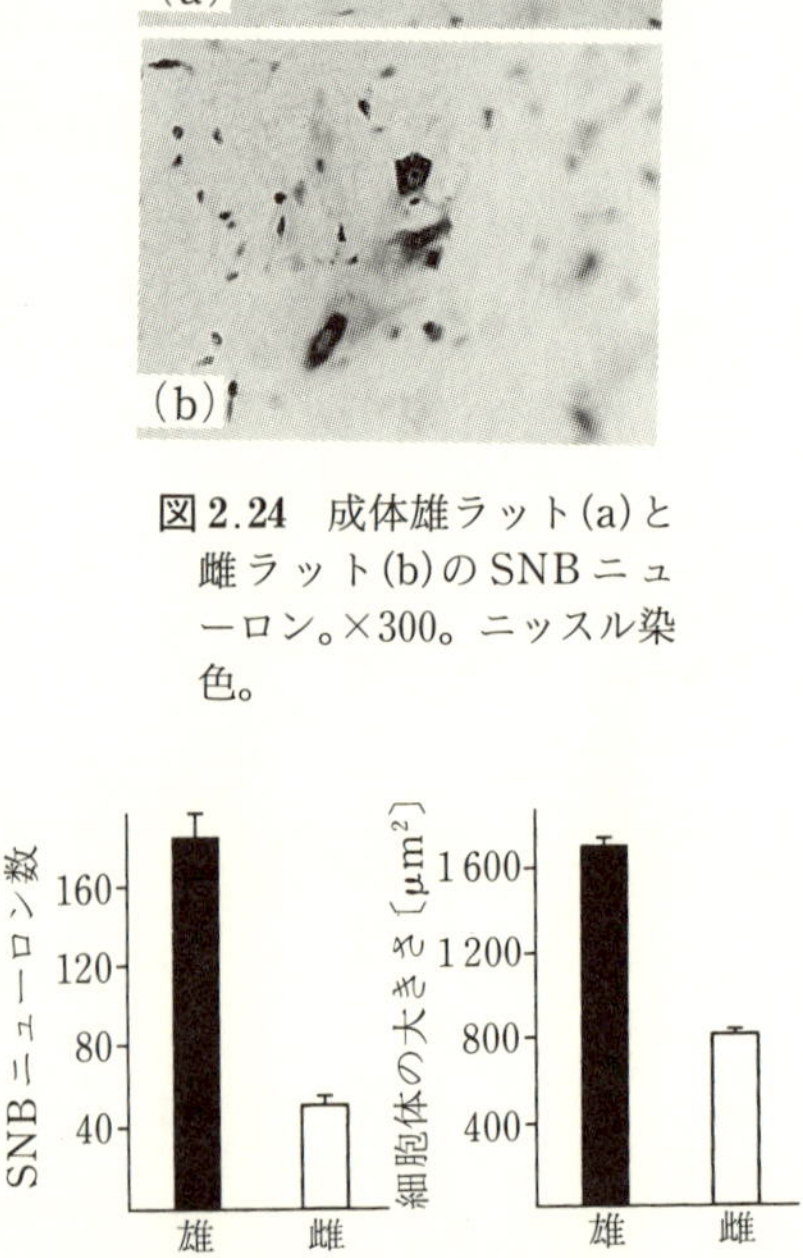

図2.25　成体雌雄ラットのSNBニューロンの数と細胞体の大きさ。(文献9)より許可を得て掲載)

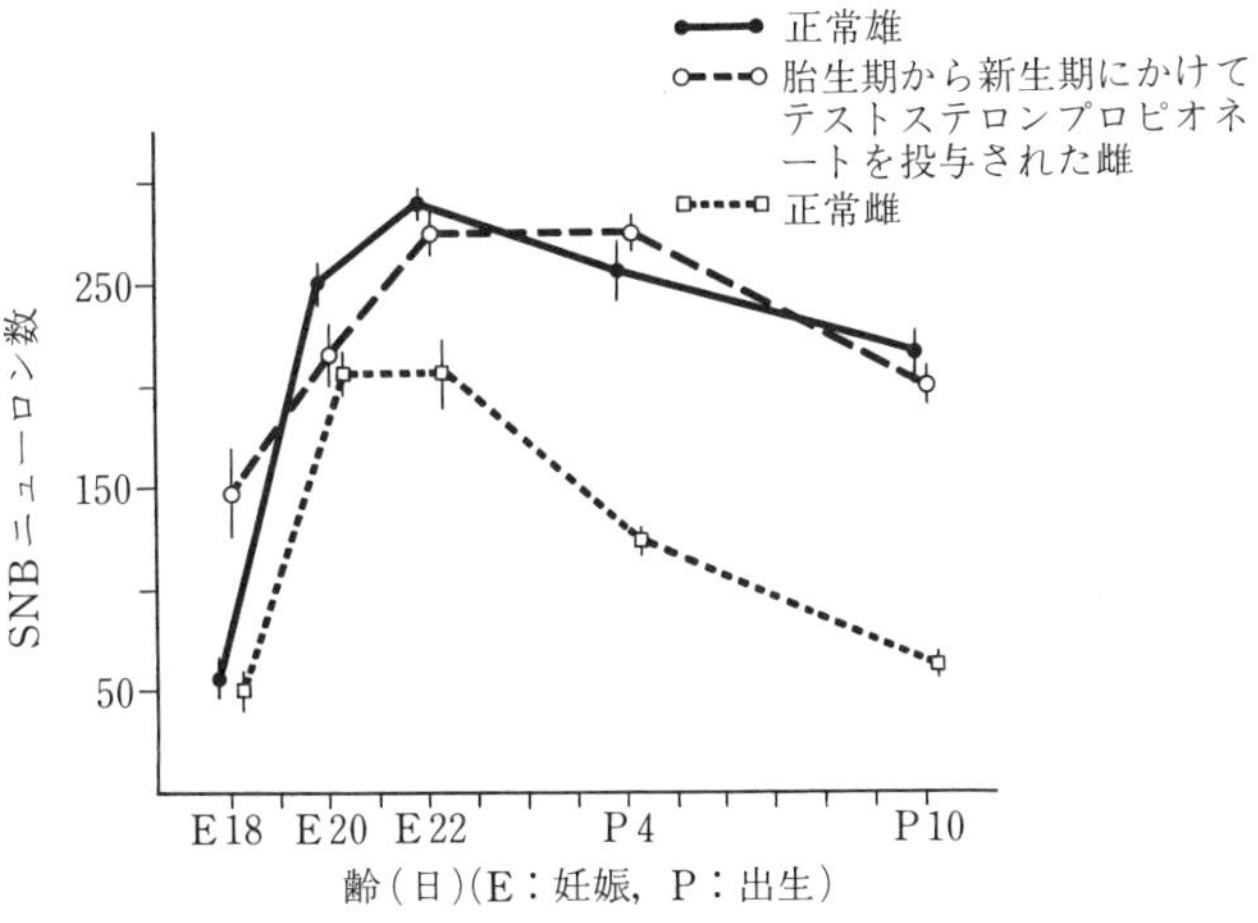

図 2.26　胎生・新生期における SNB ニューロン数の動態とアンドロゲンの効果。(文献 47)より許可を得て掲載)

十二日まで妊娠ラットに出生当日、三、五日齢に雌ラットにアンドロゲンを投与すると、この雌のSNBニューロン数は雄と同じレベルに維持される。また、この時期に雄やアンドロゲンを投与された雌に比べて、正常雌のSNBニューロンのピクノーシス（細胞が死んで核が萎縮する）像が多い。これらの結果は、アンドロゲンがニューロンの細胞死を防ぎ、SNBの性差の発現に重要な役割を果たしていることを示している。

しかし、この時期のSNBニューロンはアンドロゲン受容体を含んでいないことがわかっている[15]。一方、SNBニューロンの標的筋である球海綿体筋、肛門挙筋はアンドロゲン受容体を含有している。そこで、アンドロゲンが標的筋に作用して標的筋由来の神経栄養因子を産生させ、それが逆行性にSNBニューロンに送られてニューロンの細胞死を防いでいると考えられるようになった。

毛様体神経栄養因子（CNTF）は元来ニワトリの眼球から抽出されたもので、これはニワトリの毛様体筋に神経線維を送る毛様体神経節の標的由来神経栄養因子と考えられた。しかし、CNTFはニワトリ胚や胎仔ラットの運動ニューロンを生存させる作用をもつことがわかった。そこで、フォージャーらはCNTFが周生期の雌ラットのSNBニューロンの生存に関与しているかどうか調べた[16]。妊娠二十二日、出生当日、二、三日齢の雌ラットの会陰部にCNTFを注射し、四日齢にSNBと会陰筋を調べると、CNTFを投与された雌ラットのSNBニューロン数は正常雄のそれと同じレベルにあり、ピクノーシス像はきわめて少なく、球海綿体筋、肛門挙筋は発達していた。アンドロゲンは周生期のSNBニューロンの細胞死を防ぐ作用のあることがわかっているので[48]、アンドロゲンが会陰部のある組織からCNTFを産生させ、それがSNB系を発達させた可能性があると考えられた。

ところが、CNTFノックアウト（特定の遺伝子を人為的に欠損させることをノックアウトという）雄マウスのSNBニューロン数やその標的筋の発達は正常であるという報告[17]は、内因性のCNTFは正常な発達過程においてSNB系の発達に関与していないことを示唆している。一方、CNTFの結合部位であるCNTF受容体αをノックアウトした雄マウスのSNBニューロン数は正常雄の半分に減少していたが、その標的筋は正常に発達していた。CNTFノックアウトマウスの結果を考慮にいれると、SNBニューロンの性差の発現には、CNTF受容体を介するシグナル伝達系が存在すること、SNBニューロンの標的筋の発達がSNBニューロンの生存にとって十分ではないこと、CNTFだけがCNTF受容体αと結合する内因性の分子ではないこと、CNTF受容体αに結合する未知の分子（CNTF様神経栄養因子）が存在することが考えられる。

おわりに

アンドロゲンはSNB系の雌雄差の発現に重要な働きをしていること、そしてそれにはCNTF受容体αを介するシグナル伝達系が存在することが明らかになった。周生期のSNBニューロンとその標的筋である球海綿体筋と肛門挙筋にはCNTF受容体αが存在し、アンドロゲンはその遺伝子発現に関与していることが示された[72]。アンドロゲンによるCNTF受容体αの遺伝子発現機構、CNTF受容体αを介するシグナル伝達系、CNTF受容体αに結合するCNTF様神経栄養因子の解析など今後の研究を待たねばならない。

ヒトの筋萎縮性側索硬化症では、ほとんどの運動ニューロンは退化・変性するが、オヌフ核のニューロンはそれを免れる[34]。SNBはオヌフ核と相同な神経核であるから、アンドロゲンや神経栄養因子のSNBニューロンへの作用機序の解析は筋萎縮性側索硬化症の発症機序の解明や治療に役立つ可能性があるかもしれない。（松本明）

(d) 鼻から脳に入る神経細胞

中枢神経系である脳の発生は、外胚葉から分化した一本の中空の管（神経管）を出発点とする。中空の管の内面を裏打ちする細胞層（脳室層）から脳を構成する神経細胞（ニューロン）が発生する。中脳の三叉神経中脳路核には神経堤細胞から分化した一次感覚ニューロンが存在するが、これは唯一の例外であって、脳を構成するニューロンは脳の中で生まれるとされていた。一九八九年、マウス胎仔の研究から、視床下部のゴナドトロピン放出ホルモン（GnRHあるいはLHRH）産生ニューロンは鼻の原基で発生し脳内へ移動する可能性が示された[58、71]。これは従来の神経発生学にはないまったく新しい概念であり、さらにGnRHニューロンが生殖機能の最高中枢であることを考えると、嗅覚と生殖機能の新たな関係を示すものである。

GnRHニューロンの分布

脳の視床下部ニューロンによって産生されるGnRHは十個のアミノ酸からなるペプチドホルモンで、下垂体前葉に作用し、ゴナドトロピンの分泌を促す。生殖機能の調節において、視床下部GnRHニューロンは重要かつ中心的な役割を果たしている。成体の脳内では動物種によって多少の違いはあるものの、GnRHニューロンは明確な神経核（ニューロンの集団）をつくらず散在性に分布しているのが特徴である。その分布領域と機能から三つの系に区分される。嗅覚部と脳の吻側部に観察される終神経GnRHニューロン系、間脳に分布する視床下部GnRHニューロン系および脳の後方に位置する中脳GnRHニューロン系である。終神経GnRHニューロン系は一部の動物では性行動との関連あるいは神経修飾作用が示唆されているが、中脳GnRHニューロン系の機能は不明である。一方視床下部GnRHニューロン系は生殖機能に関与し、このことは魚類からヒトに至るまで脊椎動物全般にわたる共通事項である。どの動物でも視床下部GnRHニューロンは中隔-視索前野にかけて多く分布する。本稿では、視床下部GnRHニューロンについて、その起源と移動に関する現在の知見を以下に述べる。

GnRHニューロンの発生パターン

胎生初期の動物はあまりにも小さいため、脳組織を調べるには頭部を丸ごと組織標本にする。G

nRHニューロンが脳内だけではなく鼻の領域にも発現することは、頭部全体の組織観察から見いだされた。図2・27はニワトリ胚で調べたGnRHニューロンの発生過程をまとめたものである。[7]ニワトリ胚では嗅板《きゅうばん》（鼻プラコード）が陥入しくぼみが明瞭に観察される孵卵三・五日に、嗅板内側部の上皮にGnRHニューロンが出現する。四・五日胚で脳内にGnRHニューロンが現れ、六日胚になると図2・28で示されるような嗅上皮から嗅神経に沿って前脳内側部に至るひとつの連続体としてGnRHニューロンの分布をとらえることができるようになる。七−八日胚でGnRHニューロンの分布は脳の奥にある中隔-視索前野へと広がり、嗅上皮では減少する。十一日胚以降、ほぼ成体型のGnRHニューロンの分布となる。発生の進行とともにGnRHニューロンが鼻から脳へあたかも移動したかのような分布パターンを示している。マウスでは、胎生十一日に鋤鼻器官の原基を含む嗅板内側上皮にGnRHニューロンが発現する。GnRHmRNAの発現は、これよりも半日から一日早い。胎生十二日から十三日で脳内にGnRHニューロンが出現し、胎生十六日ではGnRHニューロンはより多く脳内に観察される。[58, 71]発生に伴ったGnRHニューロンの分布の鼻から脳への移行は、サケ、イモリ、ラット、サル、ヒトでも報告されており、[13, 43, 52, 56, 60]これはGnRHニューロンの発生機構は種を越えて共通していることを示すものである。

起源と移動に対する実験的証明

発生パターンから「GnRHニューロンは嗅板で発生し脳内へ移動する」という仮説が導かれ、

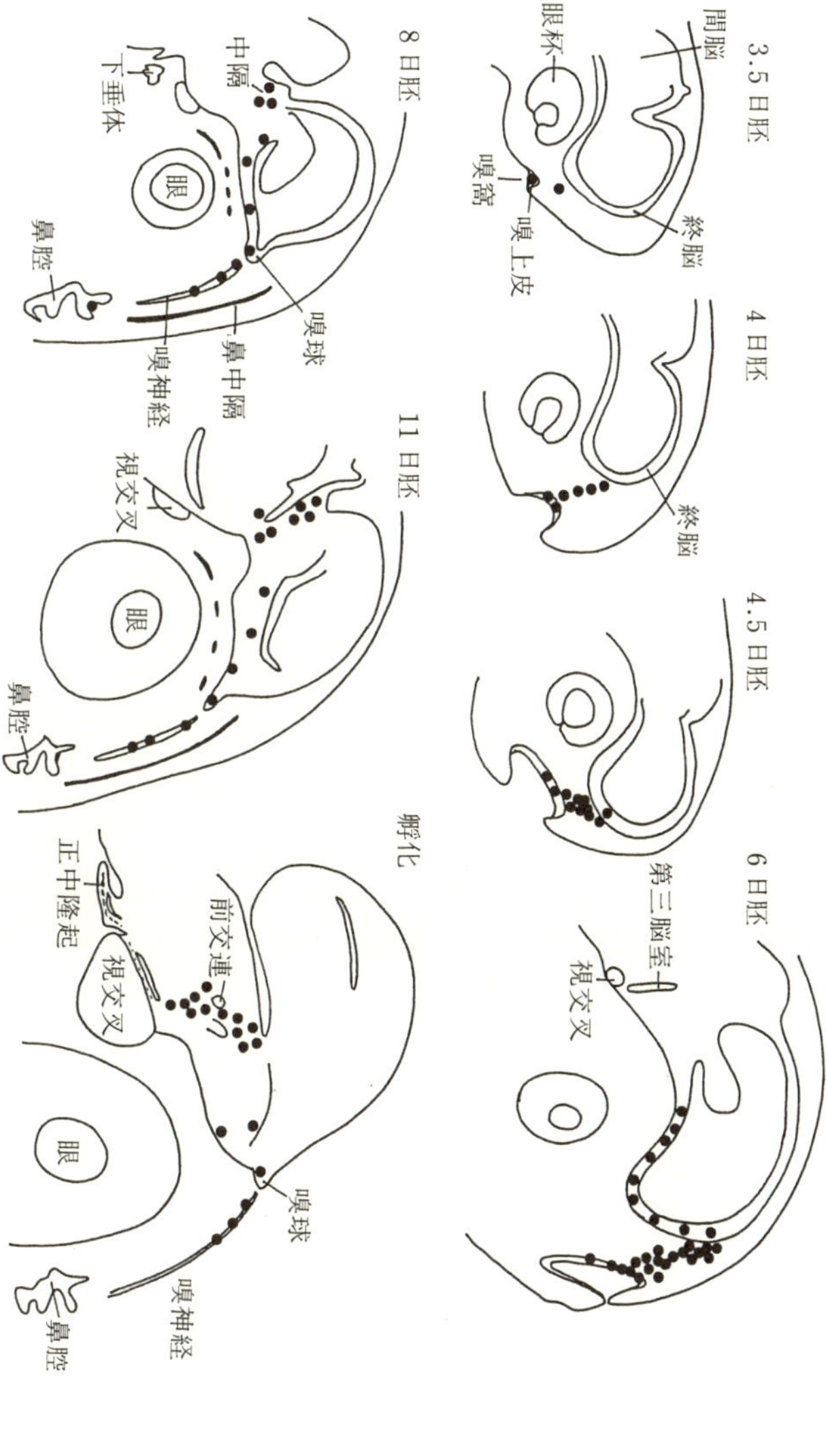

図 2.27 ニワトリ GnRH ニューロンの個体発生

これに対する実験的解析が試みられた。ひとつは嗅板の外科的切除である。孵卵三・五日から四日のニワトリ胚の右側嗅板を細い針の先を研《と》いでつくったナイフで切除し、孵卵七—十一日まで発生を継続し、GnRHニューロンの発現を調べた。結果は、切除した右側には嗅覚器の構造は認められず、脳内外のどこにもGnRHニューロンは認められなかった[1]（図2・29）。尾芽期イモリ胚を使った切除実験でも、切除した側ではGnRHニューロンが消失した[43]。これらの結果から、視床下部GnRHニューロンの起源は嗅板であることが示された。転写調節因子PAX-6の欠損マウス（小眼球マウス）は眼と鼻に形成異常がみられる。ホモ接合体は嗅板が形成されず、視床下部にG

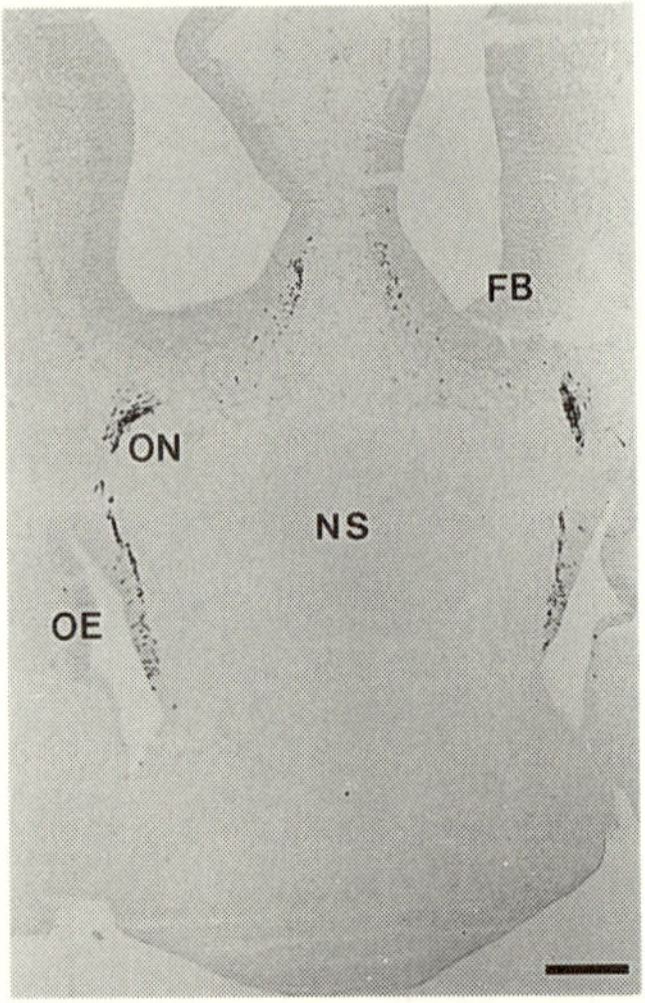

図2.28　ニワトリ6日胚のGnRH陽性ニューロン（前額断の標本）。嗅上皮（OE）から前脳内側底部にかけて連続した分布が見られる。FB：前脳，NS：鼻中隔，ON：嗅神経，スケール＝250 μm

nRHニューロンは認められない(14)。この突然変異動物の例もGnRHニューロンが鼻で発生することを支持している。

つぎにGnRHニューロンが実際に脳に入ることを確認するために、ニワトリ胚の嗅板細胞をラベルし、追跡する実験が行われた。カルボシアニン系蛍光色素のDiIで標識された嗅板細胞は三日から四日後には中隔・視索前野に現れ、しかもこれらの細胞はGnRHを同時に発現していた(44)(図2・30)。この結果は、GnRHニューロンが嗅上皮で発生し、脳内へ移動したことを明らかに示している。標識細胞を成体まで追っていないため、視索前野-中隔に到達したGnRHニューロ

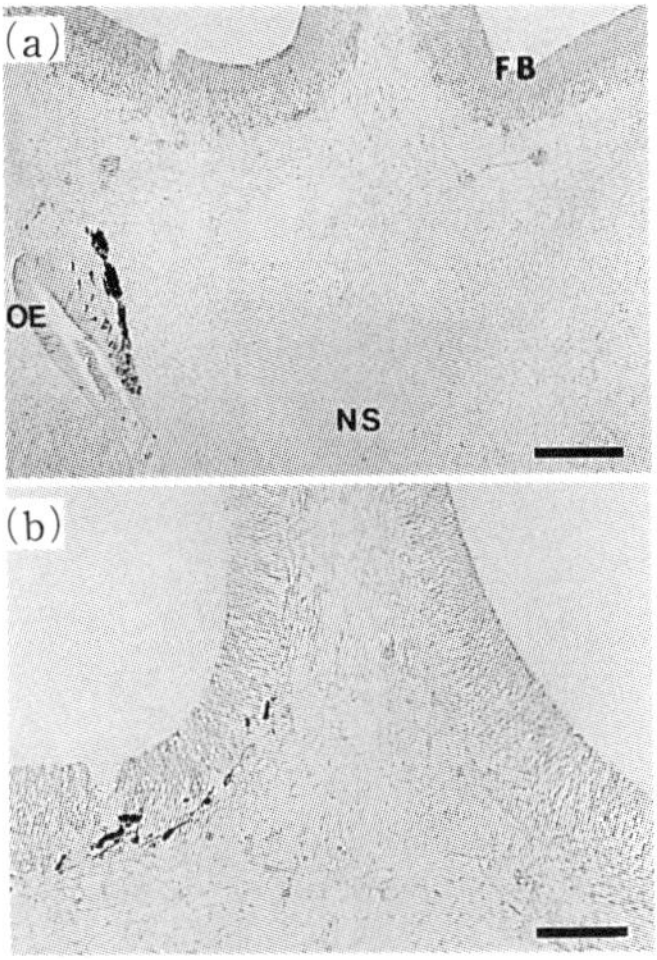

図2.29　ニワトリ胚における嗅板除去の効果。(a) 片側の嗅板が切除された7日胚の嗅覚-前脳領域。手術を行っていない正常側（左）では，GnRHニューロンが嗅上皮（OE）から前脳（FB）に向かって移動中である。(b) (a)と同個体の前脳。手術側にGnRHニューロンは見られない。NS：鼻中隔，スケール：(a)＝250 μm，(b)＝100 μm

ンがどのような機序で正中隆起に軸索を伸ばし、神経回路を形成するのかは不明である。

興味深いことに、嗅板細胞の標識実験では、脳内に入ったDiI標識GnRHニューロンの近傍にGnRHを発現していないDiI標識細胞が観察され、GnRHニューロン以外にも脳内へ移動する嗅板細胞があることが判明した（図2・30(b)、(c)）。発生初期に嗅神経（マウス、ラットなど

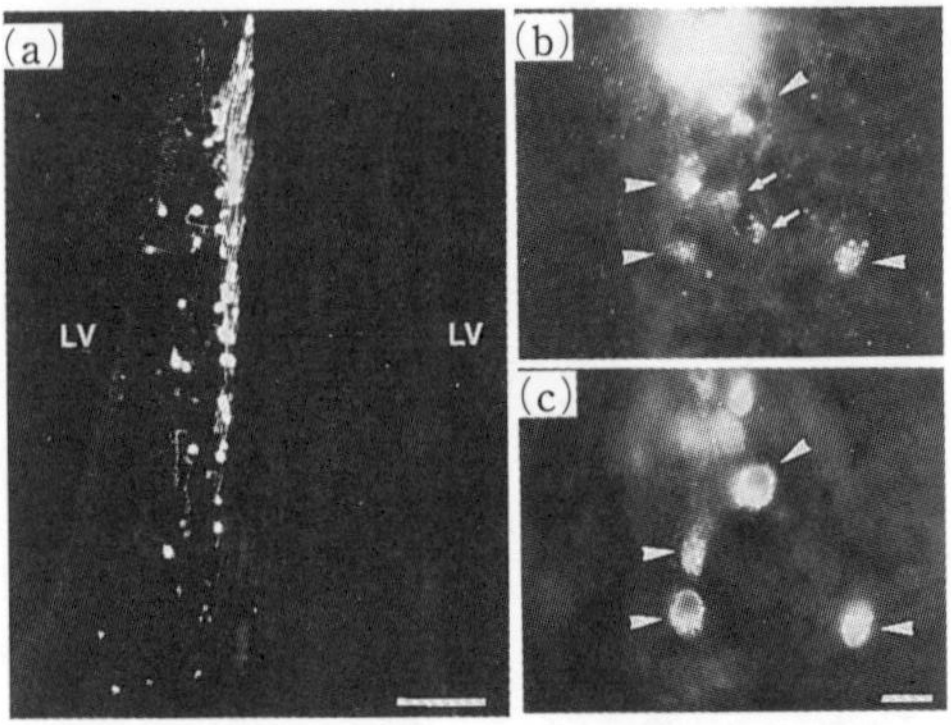

図2.30 DiIによるGnRHニューロンの脳外から脳内への移動の証明。(a) DiI投与後，2日目のニワトリ胚の前脳。多数のDiI標識細胞が観察される。DiIを投与されていない側の脳内には標識細胞がない。(b)，(c) 同一切片におけるDiI(b)とGnRH(c)の蛍光二重染色。DiI投与後3日目の中隔野に，DiI標識−GnRH陽性細胞が見られる（矢頭）。GnRHを発現していないDiI標識細胞が見られることに注意（矢印）。スケール：(a)＝120 μm，(c)＝8.5 μm

では鋤鼻神経もしくは終神経）に沿って観察される細胞群は，嗅板からの移動細胞として以前からその存在は知られていた。この移動細胞群にはＧｎＲＨ以外にソマトスタチン，ニューロペプチドＹ，ＧＡＢＡ，あるいはドーパミンなど多様な物質の発現が観察されている[65〜67]。その運命がはっきりしているのはＧｎＲＨニューロンのみで，一部は嗅神経および嗅球最外層のグリア細胞に分化すると考えられているが，それ以上のことは明らかでない。これら嗅神経中の移動細胞群にはＧｎＲＨニューロンと同様，視床下部領域へ移動する細胞が含まれていると考えられるが，現時点ではその種類などはっきりしたことはわかっていない。

カールマン症候群とＧｎＲＨニューロン

カールマン（Kallmann）症候群はＸ染色体ｘｐ22・3が欠損している遺伝疾患で，嗅覚欠損あるいは嗅覚低下と高度の性腺機能低下症を伴う。ＧｎＲＨニューロンの脳外から脳内への移動はこの疾患の原因と密接に関係している。カールマン症候群の胎児（十九週令）を調べた結果，ＧｎＲＨニューロンは正常に発生しているものの，脳の外にとどまった組織像が観察された[59]。嗅球と嗅索が欠損していることから，嗅神経（おそらく鋤鼻・終神経も含まれる）の前脳への投射が欠けていると考えられた。カールマン症候群の原因遺伝子（ＫＡＬ遺伝子）の発現は嗅上皮や嗅神経ではなく，嗅神経が投射する嗅球の僧帽細胞にみられた[33,57]。この結果は，ＫＡＬ遺伝子が嗅神経と僧帽細胞とのシナプス形成に関与している可能性を示唆しており，ＫＡＬ遺伝子の欠損は嗅神経の嗅球への投射を障害すると考えられる。カールマン症候群にみられるゴナドトロピン分泌障害は、脳内への誘導路がないためにＧｎＲＨニューロンが脳の中へ移動できず、その結果、脳内のＧｎＲＨニューロンがないかその数が少なくなったことによるものであると考えられる。カールマン症候群の事例は、正常なＧｎＲＨニューロンの移動は自発的な移動というよりは、物理的ガイド構造を必要とすることを示している。

ＧｎＲＨニューロンの移動とＮＣＡＭ

移動の足がかりとなる構造に沿ってニューロンが移動する場合、細胞接着分子を介した細胞間相互作用が重要な役割を果たしていると考えられている。ＫＡＬ遺伝子の構造解析から、塩基配列中に神経細胞接着分子（ＮＣＡＭ）様物質の塩基配列と相同の部分が含まれていることがわかった[18、31]。これはカールマン症候群におけるＧｎＲＨニューロンの移動障害に、細胞接着分子の不足も関与している可能性を示唆する。ＮＣＡＭ分子は、胎生期にはポリシアル酸（ＰＳＡ）の糖鎖が多量に結合し、発達中の神経組織に強い発現を示す[61]。移動中のＧｎＲＨニューロンおよび移動経路である嗅神経はＰＳＡ-ＮＣＡＭを発現し、移動が終了するころにその発現が低下することから、ＧｎＲＨニューロンの移動にＰＳＡが重要な役割を果たしている可能性が考えられた[42]。

ＮＣＡＭ分子とＰＳＡが欠損しているＮＣＡＭノックアウトマウスでは、ＧｎＲＨニューロンは正常マウスと同様脳内に分布し、移動障害は見られなかった[77]。一方、特異的消化酵素の投与により

PSAを除去すると、GnRHニューロンの鼻から脳への移動の遅延[77]、あるいは脳内の移動パターンの乱れ[45]が観察された。ノックアウトマウスの場合、発生中に他の類似分子により機能が代償され、障害が出なかった可能性はある。少なくとも酵素を用いた実験結果は、PSAがGnRHニューロンの移動になんらかの作用をもつことを示している。PSA欠損による移動の乱れが、NCAM分子の機能変化によるのか、新たに生じた細胞間相互作用によるものなのかについては今後の課題である。（村上志津子）

3　ヒトの性機能

〔1〕 ヒトの性行動

(a) は じ め に

ヒトの性機能（性行動のメカニズム）を明らかにするために多くの基礎的検討が行われ、新しい知見が集積されてきた。男性においては、過去十年、陰茎勃起のメカニズムの解明が進み[4]、また女性の性機能に関しても、その解剖学的・生理学的見地からの研究が進みつつある。その成果は、バイアグラに代表されるように大きな治療学的成果として実を結んでいる。これらの基礎研究と治療の進歩とあいまって、同時にここ数年、性に関する社会的関心が大きくなってきている。

その大きな理由の一つとして、生殖のみならず、性がＱＯＬに与える影響の大きさがようやく注目されてきたともいえる。さらには、高齢化社会を迎えた現在、高齢者の性の問題が同様の観点から重要視されてきている。しかしながら、これらのヒトの性に関する問題を考える場合、男性においては勃起、女性においては腟の機能などのいわゆる生殖器機能の改善のみでは、問題解決に結びつかない場合も多い。ひとつには、自身およびパートナーの性欲、性的関心の欠如というような性的欲求の問題もあるためである。社会的存在であるヒトにおいて，性行動に関与するこれらの心因性の問題には，生理的要因のみならずきわめて多くの要因が関与してくる。現在の時点で，それらの多くの要素を特定の脳機能の異常と直接結びつけることは難しいと思われる。しかし，生理的性機能の回復がある程度可能になった現時点で，脳の機能の変化も関与しているであろう性機能障害の心因性症状および頻度を整理することは重要と思われる。

このような心因性，特に性的関心を改善する一つの方法として，以前から性ホルモンの補充が試みられてきている。特に注目を集めていることとして，加齢に伴う性ホルモンの低下（更年期）に対するホルモン補充がある。それらの臨床結果はいまだ明らかでないヒトの性ホルモンと性行動および脳のメカニズムとの関連を検討するうえで貴重なデータと思われる。

これらの問題点を検討・把握することは，性機能障害（特に中枢性）のメカニズムの解明と治療への課題を明らかにしうるであろう。これらの観点から，ここではヒト性行動のメカニズム，生殖器機能障害と性欲障害の頻度と要因，ヒトの性行動に対する性ホルモンの影響につき最近の知見を中心に述べる。

(b)　ヒト性行動のメカニズム

性的刺激（視聴覚（接触性）），記憶や期待による性的想像により性的反応が生じる。逆に行為に対する不安（予期不安）により抑制される。これらの脳内におけるメカニズムはいまだ明らかではないものの、多くの動物実験結果が示すように、ヒトにおいても視床下部は性反応（勃起など）の発現に重要な役割を果たしていると思われる。またヒトにおいて大脳皮質が重要であることも明らかであろう。ヒトの性行動において、いわゆる心因性の性機能障害に関連する要因を表3・1に示す。性的刺激情報は脊椎レベルでの中枢（胸髄11－腰髄2、仙髄2－4）を経由し、下腹神経、骨盤神経、陰部神経を形成する。下腹神経（交感神経系）、骨盤神経（副交感神経系）は骨盤神経節を形成し、そこから海綿体神経となり陰茎に分布する。また陰部神経（体節神経）は知覚および運

表3.1　心因性性機能障害の要因

①　生育過程での要因
性経験に関する精神的トラウマ 不十分な性に対する情報経験 厳しいしつけ，親子関係の障害
②　主要因
抑うつ，不安 自己の性行為，機能に対する不安 性に対する罪の意識 コミュニケーションの欠如 パートナー間における興味の低下 子供の誕生 性行為に対する過度の期待 精神病

動神経を含み、陰茎とその周囲の筋肉群に分布する。これらの神経により性反応の発現，抑制、また知覚の伝達が行われる。

男　性

ヒト男性の勃起のメカニズムを簡単に述べる。陰茎は左右の陰茎海綿体を有し、海綿体内への血液の流入・流出により勃起が生じる。これらのダイナミックな血流の変化を調節するのが陰茎海綿体、陰茎動脈（螺旋《らせん》動脈）の血管平滑筋の弛緩と収縮である。さらには、陰茎海綿体の膨張により血液の流出路（流出静脈）が圧迫され、血液が海綿体内に保持され、勃起が維持される。これらの平滑筋の弛緩・収縮には、多くの神経伝達物質の関与が報告されているが、弛緩には海綿体神経および血管内皮から分泌される一酸化窒素ＮＯ（nitric oxide）が大きな役割を果たしている。ＮＯはｃＧＭＰを増加を通し、平滑筋細胞内のカルシウム濃度を低下させ、平滑筋の弛緩をきたす。またＶＩＰ（vasoactive intestinal polypeptide）、アセチルコリンも直接・間接的に平滑筋の弛緩に関与している。平滑筋の収縮はおもに交感神経系により調節されている。緊張や不安により、また交感神経系の興奮によるノルアドレナリンの分泌は勃起不全をきたす。

女　性

最近の研究により、女性生殖器の解剖、また性的刺激を受けたときの生理的変化が明らかになってきた[6]。膣壁は、内側から粘膜層、血管-筋肉層、繊維層の三層より構成される。粘膜層は、ホルモン状態により変化する粘液分泌性の偏平上皮からなり、筋肉層は、平滑筋と豊富な血管層を有する。エラスチンとコラーゲンからなる外層は、きわめて伸縮性に富む膣壁をサポートする。クリトリスは、ペニスと同様、亀頭（glans）、海面体部（body）、脚部（crus）からなり、体部は海面体構造を有する血管平滑筋により構成される。性的刺激により、膣およびクリトリスへの血流の増加により、それぞれ肥厚化、勃起が生じる。女性においてもNOが平滑筋の弛緩を調節していることが明らかになってきている。膣およびクリトリスへの血行不全が女性の性機能障害の誘因となっているとの報告もある。これらの成果をもとにバイアグラの女性に対する投与が行われているが、男性ほど明らかな有用性は示されていない。血流動態の変化などの病理的変化がどのように女性性機能障害の症状と結び付いているかはいまだ不明であり、今後さらなる基礎検討が必要と思われる。

(c) 性機能・性行動障害

まず、性交頻度、勃起・女性性殖器機能障害につき簡単に述べる。われわれが行った調査[11、13]では、わが国二十歳代前半男女の平均の性交頻度は、週に一回から二回である。その後徐々に加齢に伴い性交頻度の低下が認められ、七十歳代前半では男性の約三割、女性の約五割が性交頻度ゼロと回答している。これらの性交回数の低下に伴い、性機能障害の頻度も増加している。男性においては勃起障害の頻度が増加し、七十歳代前半では、約二割がほとんど勃起を経験しないと報告している。アメリカ・マサチューセッツ州における community based study においても[7]、四十歳代から七十歳代の男性の五割が勃起障害を、さらには全体の一割が完全な勃起機能の消失を自覚している。興味深いことには、われわれおよびアメリカのいずれの調査においても[7、11、13]、抑うつ傾向と勃起障害の程度の関連では、抑うつ傾向が強い群では勃起障害の程度が強くなっている。また女性における性機能障害は、①性的欲求の低下・欠如、②性的興奮（反応）の低下、③オーガズム障害、④疼痛に関する問題に一般に分類されている。われわれのサーベイでは、加齢に伴い膣の湿潤度の低下が生じ、六十歳代では五割が湿潤度の問題を訴えている。性交時の疼痛に関しては、全年齢を通し約三割が性交時二回に一回以上の割合での疼痛を認めている。

しかしながら、これまで述べてきた生理的機能変化とともに、性行為に対する欲求や性行為による快感・喜びが得られないなどの障害も高頻度に認められている。われわれの調査においても[11、13]、男女性において加齢による性欲の低下が認められている。二十—三十歳代と七十歳代の性欲・性的関心を示す得点を比較すると、七十歳代では四—五割の低下が認められている。最近のアメリカの報告[14]においては、十代から五十代までの調査で女性の約三割、男性の一・五—二割が、全年代において性行為に対する興味の欠如を報告している。さらには、性生活に喜びを感じないと答えている割合は、女性においては二十—三十代の三割弱、四十—五十代の二割弱、男性においては全年代を通し、一割弱である。また同じ調査は、自己の性機能に対する不安を女性の一割前後が、男性においては二割弱が報告している。また性欲低下の要因として、男女とも感情的問題やストレスが有意なリスクファクターとして報告されている。

これらの結果は、性行動に関する障害において性欲の問題が決して低頻度ではなく、今後の大きな治療課題であることを示唆している。さらには心理的要因・感情（ストレス）が、性欲・性的関心の低下に密接に結び付いているのみならず、勃起などの生殖器機能への関与も示唆されていることはきわめて興味深いと思われる。

(d)　ホルモン環境のヒト性行動への影響

他の哺乳類と異なり、ヒトの性行動はホルモン環境への依存度が少ないと考えられているが、実際の性ホルモンの低下および補充による性機能への影響をこれまでの臨床的検討からまとめる。

男性に対する性ホルモン環境の影響

アンドロゲンは男性において胎生十二週ごろに一度ピークを迎え、さらに生後二―六か月後の間に二度目のピークを迎える。そして思春期を迎え、黄体刺激ホルモンの周期的上昇とともにアンドロゲンも上昇を開始する。以後、成人レベルまで上昇する。その後徐々に加齢に伴い低下していく。加齢に伴い、テストステロンレベルの低下とともに、さらに結合タンパクであるＳＨＢＧ（sex-hormone-binding globline）の増加が生じることから、生理活性を有すると考えられる遊離テストステロンレベルは総テストステロンレベルの低下と比較し、より顕著な低下が生じる。陰茎海綿体、前立腺などにおいておもなアンドロゲン作用を担っているＤＨＴ（dihydrotestosterone）を除く他のアンドロゲンも加齢に伴う低下が認められ，特に副腎（網状層）から分泌されるステロイドホルモンであるＤＨＥＡ（dihydroepiandrostenedione）は最も劇的に低下が認められている。

男性においてテストステロンレベルへの低下は，勃起（erotic or psychogenic erection），morning erection（reflexiveerection），夜間睡眠時勃起現象（nocturnal erection）の低下が認められ[5,12]，多くの性腺機能低下症例における検討において，テストステロン補充によりこれらのパラメータの回復が認められている。また，加齢によるアンドロゲンレベルの低下に対し（ゆわゆる男性更年期），ホルモン補充が試みられ，脂肪率の低下，筋肉量・骨濃度の増加，循環器系への好影響とともに，性行動，性機能に関しては，ホルモン補充により，性欲の増加，well-being 感覚の上昇が報告されている[19]。

しかしながら，性ホルモンの性機能に対する促進的作用に相反する事実もある。前述した community based study において[7]，勃起障害の有無によりテストステロン値に差がないこと，正常の性腺を有し加齢などによる軽度のテストステロン低下に対してはホルモン補充は勃起機能の改善に関し有用であるという報告がないことなどである。これらの事実は，基本的に，ヒト男性においてもアンドロゲンが勃起反応，性欲の発現に対し促進的役割を果たしていることを示唆するであろう。そして性機能維持のための閾値を超えた範囲でのテストステロン補充に関しては有用性はあまり期待できないのかもしれない。さらには勃起反応、性欲には種々の要因が関与し性ホルモンレベルで一元的には説明できないことも、これらの関連性を複雑にしているものと思われる。

女性性機能に対するホルモン環境の影響

女性は更年期以後、性腺ホルモンレベルの劇的な低下が認められる。性ホルモン補充は、いわゆる更年期症状（hot lash, 抑うつ、不眠など）、骨粗しょう症、動脈硬化に対する効果を中心として広く臨床応用がなされている。性機能・性行動に対する効果は、全体としては好影響を与えるとの報告が多い(18)。最近では、エストロゲンのみならずアンドロゲンが性行動の正常化により効果的との報告もある。男性および女性においてホルモン補充は、性機能・性行動に関し好影響を与えると考えられる。しかしながらどのレベルの性ホルモンの低下が性行動に影響を与えうるのか明らかではない。ホルモンに感受性の高い臓器（前立腺、乳腺、子宮）に対する疾患のリスクが高まるとの報告もあり、作用機序・作用部位を含め性機能維持に必要なホルモンレベルを明らかにしていくことが、有効かつ安全なホルモン補充療法に結び付くと思われる。

(e) お わ り に

最近の急速な性機能障害に対する治療の進歩は、生殖器機能を正常に機能させることを可能にしつつある。しかしながらそれらの生殖器機能を性行動として発揮するための、特に性に対する興味・欲求の欠如の問題は、今後の大きな課題と思われる。そのためにも、これらの機能を調節する

脳の機能の研究はさらに重要性を増すものと思われる。（佐藤嘉一）

〔2〕 性機能障害と治療

(a) はじめに

性機能障害は、広義には勃起機能の障害のみならず性欲あるいは射精などの障害を含む。性機能障害のなかでは勃起障害がもっとも多いが、この障害は「性交時に有効な勃起が得られないため満足な性交が行えず、通常性交のチャンスの七五％以上で性交が行えない状態」と定義される。[8] ここでは性機能障害、特に勃起障害の診断・治療を中心に述べる。

(b) 勃起障害の有病率と分類

勃起障害がどの程度に認められるのかを調査した報告は少ないが、最近のアンケート調査によれば年齢に伴いその割合が明らかに増加していくことが示されている（図3・1）。

それぞれのアンケート調査における勃起障害の定義が異なるが、五十歳代で約四分の一から二分の一、六十歳代で二分の一から四分の三の人に認められるのではないかと推定されている。ちなみに、泌尿器科を受診した性機能障害以外の症例で、後述する夜間睡眠時勃起での陰茎周最大増加値を検討してみると、客観的に勃起障害があると推定される値（増加値＜二十ミリメートル未満）の人の割合は、五十歳代二三％、六十歳代五〇％、七十歳代七一％であった。これらの結果からは、

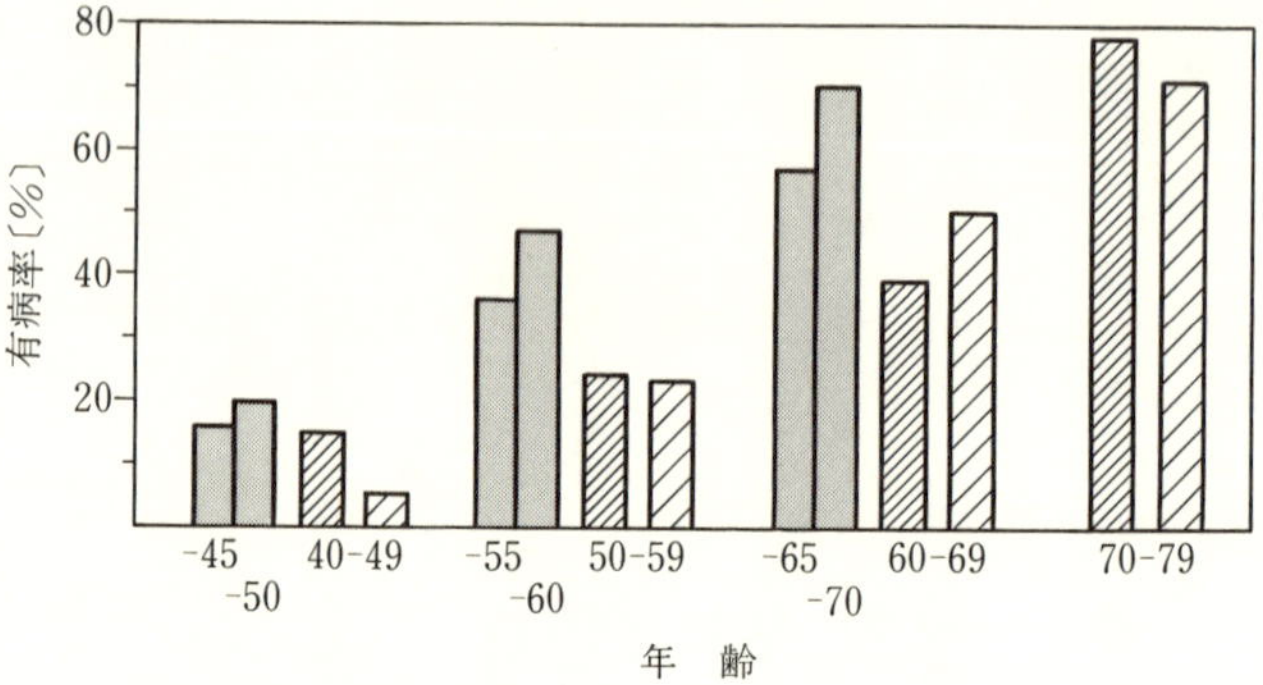

図 3.1　勃起障害の有病率

▩　無作為抽出した 1 019 例に対するアンケート調査。勃起障害の定義：時々あるいはそれ以上の頻度で性交渉に十分必要な勃起が得られず，維持できないことがある。（丸井英二，他：日本アンドロロジー学会総会記事（XVIII），72-73，1999 より引用）

▨　Community-based study における 289 例に対するアンケート調査。勃起障害の定義：過去 1 か月間に「あまり勃起しない，あるいはまったく勃起しない」（Masumori, et al.: Urology，1999 ; **54**, 335-345, 1999 より引用）

▧　泌尿器科を受診した非性機能障害 189 例での検討．勃起障害の定義：夜間睡眠時勃起における陰茎周最大増加値（勃起後の陰茎周－勃起前の陰茎周）＜20 mm（通常，この値が 20 mm 以上の場合には器質的勃起障害の可能性が低いとされている）。（堀田浩貴，他：日泌尿会誌，**85**，1502-1510，1994 より引用）

勃起障害をもっている人の割合は決して少なくなく，これらのうちごく少数の人だけが治療を求めて病院を受診していることがわかる。

クエン酸シルデナフィル（商品名バイアグラ，以下シルデナフィル）の登場は勃起障害の診断法・治療法のシステムを変えつつあるが，勃起障害の機序を理解するうえでは勃起障害の分類が有用である（表3・2）。勃起障害は，①機能性勃起障害（勃起機能は正常であるが，精神・心理的要因などで性交ができない），②器質性勃起障害（勃起に関与する陰茎組織，神経，血管，内分泌機能などの障害による），③混合性勃起障害，あるいは④どちらとも確定できない，に分類される。

一方，性機能障害は先にも述べたように，勃起障害に加えて性欲障害，射精障害が含まれる。したがって，性機能のうちどの機能に異常があるのかを明らかにすることも重要である。

表3.2　勃起障害の分類

①　機能性勃起障害
a．心因性
b．精神病性
c．その他
②　器質性勃起障害
a．陰茎性
b．神経性
中枢神経
脊髄神経
抹消神経
c．血管性勃起障害
動脈性
静脈性
d．内分泌性勃起障害
e．その他
③　混合性インポテンス
a．糖尿病
b．腎不全
c．泌尿器科的疾患
d．外傷および手術
e．加齢
f．その他
④　その他のインポテンス
薬物・脳幹機能障害など

（文献8）より引用）

(c) 勃起障害を含めた性機能障害の診断

勃起障害はもとより他の性機能障害では、その原因あるいは障害の程度を評価するために各種の検査を行うことがあるが、これらはあくまでも治療を前提として行われなければならない。“Goal-oriented approach”が必要である。勃起障害では問診、現症、一般検査、勃起機能検査が基本となる。特に問診は重要であり、患者の訴えが性欲、勃起、性交、射精、極致感のそれぞれどこにあるのかを明らかにする。現病歴、性機能障害以外の疾患の有無（薬剤の服用なども含めて）、既往歴、家族歴、家庭環境、生育歴、性格の把握、性に関するこれまでの経過（マスターベーションなど）も欠かせない。性機能質問紙（性機能に関し自己記入式の質問に答えてもらう）の利用は、患者の症状を客観的に把握、治療効果の判定に有用である。

勃起機能検査

治療法の決定のために、機能性勃起障害と器質性勃起障害を鑑別する。両者を鑑別するための検査法としては、視聴覚的刺激試験により誘発される勃起反応あるいは夜間睡眠時勃起ＮＰＴ（nocturnal penile tumescence）をリジスキャンやエレクトメータなどにより測定する方法がある。リジスキャンは陰茎周径と陰茎硬度を夜間に連続して測定できる器械であり、信頼性の高い検査であるが、器械が高価であることと、基本的に入院を要するのが欠点である。エレクトメータは、裏面にマジックテープなどのついた目盛りつきのバンドを用い、起床時と就寝前の陰茎周径の差から睡眠時に生じるNPTの陰茎周最大増加値を測定することで勃起の質的側面を知ることができる（図3・2）。これは、構造もシンプルで携帯しやすく、患者に自宅で施行してもらうことが可能ある。以上の検査で機能性および器質性勃起障害の鑑別を行い、後者の場合にはおよその原因を推定する。患者自身が治療前にこれ以上の原因検索を望む場合あるいは治療上の必要性がある場合には、推定された原因に即した検査を行うことになる（表3・3）。そのほか、機能性勃起障害の心因の

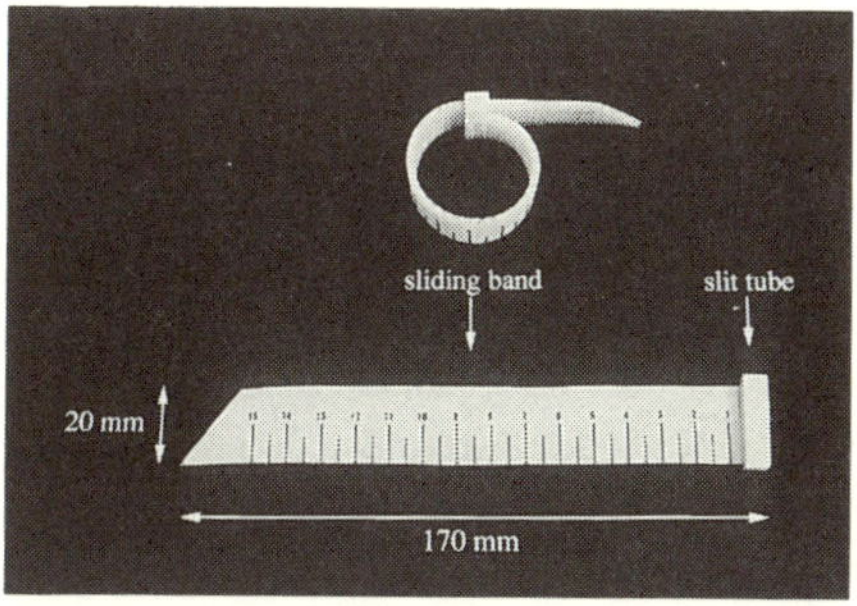

図3.2 エレクトメータ

表3.3 器質性勃起障害に対する検査

①	陰茎性勃起障害 泌尿器科的検査
②	神経性勃起障害 球海綿体反射潜時 陰茎背神経伝導速度
③	血管性勃起障害 血管作動薬負荷試験 （プロスタグランディン E 1 test，パパベリン test） カラードップラー検査 陰茎動脈造影 海綿体内圧測定 海綿体造影
④	内分泌性勃起障害 血中ホルモン測定 （精巣機能、下垂体機能検査）

精査として、心理テストも有効である。

器質性勃起障害に対する検査

器質性勃起障害の場合には、想定される原因に応じた検査を行う（表3・3）。これらでは、プロスタグランディンＥ１（ＰＧＥ１）、塩酸パパベリンなどの血管作動薬による負荷試験が重要な検査であり、これらは後述するように治療にも用いられている。血管作動薬負荷試験では、血管作動薬を陰茎海綿体内に注射し勃起状態をみる。血管作動薬の陰茎海綿体内注射により良好な勃起状態が得られれば、一般に血管系は正常と診断される。動脈系障害に対する検査では、血管作動薬の陰茎海綿体注射と同時にカラードップラーで陰茎動脈の流速を測定する方法が用いられる。血管造影は動脈系の器質性障害の部位診断に有用であるが、動脈の再建手術を前提に施行される。静脈系障害の検査としては、海綿体造影、海綿体内圧測定などがある。両者とも侵襲的な検査であり、最近では血管作動薬負荷試験と陰茎カラードップラーを用いて診断するのが一般的である。

神経系の検査としては、球海綿体筋反射潜時、陰茎背神経伝導速度の測定などが行われるが、これらは体性神経の機能のみを示すにすぎない。自律神経および中枢から末梢に至る神経系の検査は困難であり、これらの検査での結果と神経障害の程度とは相関しない場合もある。現在のところ勃起機能を神経学的に直接検査しうる方法はない。

内分泌機能障害の診断では、血中テストステロン、プロラクチンを主体とした血中ホルモン値の測定が行われる。前者で異常値が認められた場合は、間脳下垂体系の障害か、精巣の原発性の障害かの鑑別が必要である。高プロラクチン血症は勃起障害の原因となる。

(d) 性機能障害、特に勃起障害の治療

心理療法

機能性（心因性）勃起障害に対する心理療法は、精神療法と行動療法に大きく分けることができる。精神療法には、精神分析療法、支持的精神療法、簡易精神療法などがあり、場合によってはより専門的な精神科医による治療が必要な場合がある。

行動療法の代表的なものに、ノン・エレクト法がある。(1) これは、勃起させようという焦り、不安、緊張による交感神経優位な状況に陥りやすい患者に有用である。勃起させようとやっきになっているカップルの考え方を一八〇度転換して、勃起させないようにすることで機能的勃起障害を治療する方法である。治療改善率は八四%と良好であるが、パートナーの治療に対する理解・協力が不可欠である。

薬物療法

シルデナフィルは勃起障害に対する経口治療薬としては画期的な薬剤である。その効果は以下のような機序により発現する。

勃起が生じるためには、陰茎海綿体平滑筋の弛緩を促す神経として非アドレナリン性・非コリン

性神経の関与が重要であるが、これらの神経伝達物質の一つとして一酸化窒素がある。これは、グアニル酸サイクレースを活性化させ、その結果サイクリックGMP（以下cGMP）が増加して、平滑筋を弛緩させる。cGMPは、細胞内でホスフォジエステレース（以下PDE）により加水分解され、効力を失う。PDEは現在のところ九タイプに分類されるが、ヒトの陰茎海綿体にはtype5PDEが豊富に存在する。シルデナフィルは、このtype5PDEの選択的阻害剤であり、陰茎海綿体平滑筋組織中のcGMPを増加させることによって平滑筋の弛緩を促し、勃起を発現させる経口薬剤である。その有効率は欧米の報告では七〇―八〇％程度であり、現在のところ勃起障害の治療薬として開発された唯一の薬剤である。副作用としては、頭痛（一六％）、顔面紅潮（一〇％）、消化不良（七％）などがあり、有害事象のための投与中止は二・五％（プラセボ群二・三％）と忍容性は良好と報告されている。(16) この薬剤の適応症例を慎重に選択することで、重篤な副作用が出現することを十分防止できる。

そのほか、経口PGE1製剤、塩酸トラゾドン漢方製剤などの効果も報告されている。

内分泌療法

原発性、または続発性の性腺機能低下症に対して、アンドロゲン補充療法が施行される。テストステロン・デポー剤による補充のほかに、続発性性腺機能低下症に対してはヒト絨毛《じゅうもう》性ゴナドトロピン（hCG）テストの反応性がよければhCG補充療法も行われる。テストステロン低下症例に対する補充は、性欲の亢進、射精の回復、勃起持続時間の延長をもたらすとされている。ただし、加齢による低下症例、高齢者に対する補充療法の効果は確立されておらず、特に前立腺癌《がん》、肥大症の顕在化の危険性が推測される。

高プロラクチン血症は薬剤（トランキライザー、抗うつ薬など）によっても引き起こされるが、この場合は服用中止により原則として勃起能が回復する。下垂体腫瘍が存在し高プロラクチン血症を引き起こしている場合には、外科治療も考慮しなければならない。原因不明の高プロラクチン血症に対しては、ブロモクリプチンの投与が行われる。

血管作動薬海綿体内注射

塩酸パパベリン、ＰＧＥ１の陰茎海綿体内注射ＩＣＩ（intracavernous injection）は陰茎海綿体内の血管平滑筋に直接作用して動脈を拡張させる。その結果、陰茎海綿体への血液流入量が増加し勃起が生じる。現在、このＩＣＩ療法は勃起障害の診断・治療に用いられているが[10, 20]、塩酸パパベリンより持続勃起症や陰茎海綿体線維化・硬結の発生頻度が少ないことから、現在ＰＧＥ１が多用されている。交感神経α受容体遮断剤であるフェントラミンもＩＣＩに併用薬として用いられることがある。

ＩＣＩ療法は、血管性勃起障害の程度の強いもの以外多くの勃起障害症例に適応となるが、特に神経性勃起障害は良い適応である。十―二十マイクログラムのＰＧＥ１を陰茎海綿体内に自己注射する方法が最も簡便でよい方法であるが、自己注射が保険適応ではないこと、注射器・注射針の貸出しおよび管理の問題がある。したがって、実際上は限られた症例を選択せざるをえない。

陰圧式勃起補助具

陰圧式勃起補助器具の原理は、陰茎を陰圧にしたチェンバーやシリンダーの中に置き血液を海綿体に充満させることで勃起を起こさせ、さらに陰茎根部をリングにより絞扼《こうやく》し勃起を持続させるというものである（図3・3）。

この方法はあらゆるタイプの勃起障害に有用とされており、有効率は機能性勃起障害で一〇〇%、器質性勃起障害で八五%程度である。利点としては、操作が比較的簡単で重篤な副作用がな

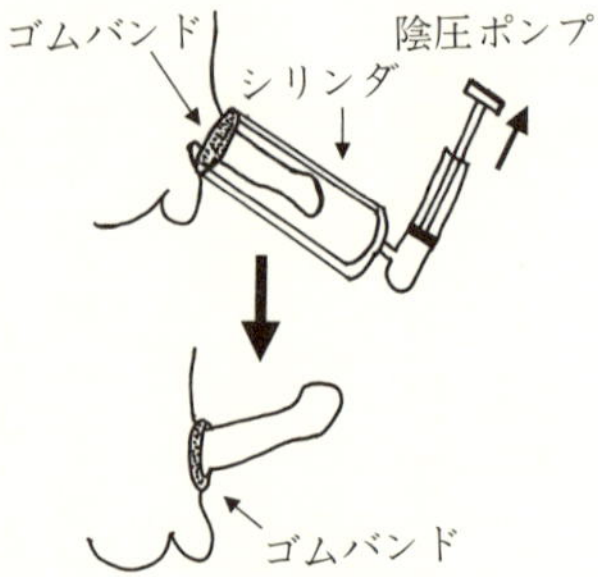

図3.3　陰圧式勃起補助器具（模式図）と使用法

い、好きなときに好きなだけ使用可能、器械の構造がシンプルで故障が少ない、長期に使用が可能な点などがあげられる。欠点としては、絞扼リングによる疼痛・不快感、射精困難、勃起時の陰茎の冷感、副作用としての陰茎皮膚の亀裂、点状出血などがある。使用前の十分な説明や使用時の問題点の解決に医師が積極的に関与することが重要であるとされている(21)。

血管手術

動脈性障害が疑われたら、外科的治療を前提に血管造影で狭窄《きょうさく》、閉塞《へいそく》などの病変部位を同定し血行再建術などを考慮する。血行再建のための手術療法としては、下腹壁動脈と陰茎背動脈の吻合《ふんごう》術、下腹壁動脈と深陰茎背静脈の吻合術、下腹壁動脈、陰茎背動脈、深陰茎背静脈の三本の血管を同時に吻合する方法などがある。

静脈性障害の場合には、陰茎の静脈系の流出抵抗を高める目的で深陰茎背静脈結紮《けっさつ》術、陰茎海綿体脚部結紮術などが用いられる。短期的な改善効果はあるが（四〇―八〇%）、長期成績があまりよくない傾向にある。静脈結紮法による治療効果には現在のところ多くを望めないという意見が多い。

陰茎プロステーシス移植手術

陰茎に適切な硬度を与えて性交を可能にすることを目的とした陰茎再建術である。陰茎に挿入移植するプロステーシスの種類としては、fluid transfer system によるインフレータブル型プロステーシスと、semi-rigid型でプロステーシス周径の変化がないノン・インフレータブル型プロステーシスに大別される。

この方法は勃起障害治療の最終手段である。器質性の原因による勃起障害で他の治療による効果が不十分な場合で、この方法以外には治療が困難な症例に対してのみ適応がある。患者にはこの治療が勃起障害のみを補い、射精、極致感の改善はないことを理解してもらう必要がある。術前にパートナーの理解を得ておくことも重要である。手術の合併症としては、異物反応としての発熱、浮腫、穿孔《せんこう》、脱出などがあるが、感染を起こした場合は抜去を余儀なくされる。術後約九五％程度の症例で性交が可能となる。感染の頻度は約二％程度である[15]。

実際の治療

勃起能検査を行い、機能性および器質性勃起障害を鑑別する。機能性勃起障害で、高度の精神・心理的要因の関与がなければシルデナフィルを投与しその反応をみる。反応が不良であればさらに心理的要因を検索する。器質性勃起障害が疑われる場合には、患者がその原因の検索を望めば血管作動薬負荷試験を中心に推定される原因に応じた検査を行う。原因の検索を望まなければ、シルデナフィルを投与しその反応を検討する。勃起障害がこの治療で改善した場合には治療を継続する。勃起障害の改善が不良の場合には、血管作動薬負荷試験の結果をもとにＩＣＩ療法あるいは陰圧式勃起補充器具による治療を考慮する。（塚本泰司）

〔3〕 性分化異常とその原因

(a) はじめに

男性と女性の最も大きな違いは生殖器の構造である。一般に、誕生した赤ちゃんの性は外性器の状態によって決められる。この男女両性の性は母親の胎内でどのようにして決定され、それぞれの性に分化していくのであろうか。また、性の分化が障害されるとどのような疾患が生じ、その要因はどこにあるのであろうか。本節ではヒトにおける性分化異常（特に産婦人科領域でみられる性分化異常）について概説する。

(b) 性分化の機序

ヒトにおける性分化は図3・4に示すように遺伝的（染色体）性の決定、生殖腺の性の決定、内・外性器の性の決定の順で行われる。性の分化は種によって異なっており、ヒトをはじめとする哺乳類の基本的な性は女性である。すなわち、性腺が卵巣であるか性腺が欠如する場合の内・外生殖器は女性型に分化し、男性型の性分化は精巣から分泌される二種類のホルモンによって強引にもたらされる。

(1) 染色体の性の決定

ヒトの染色体は父、母双方に由来する二十三対、四十六本の染色体から構成される。そのうち、

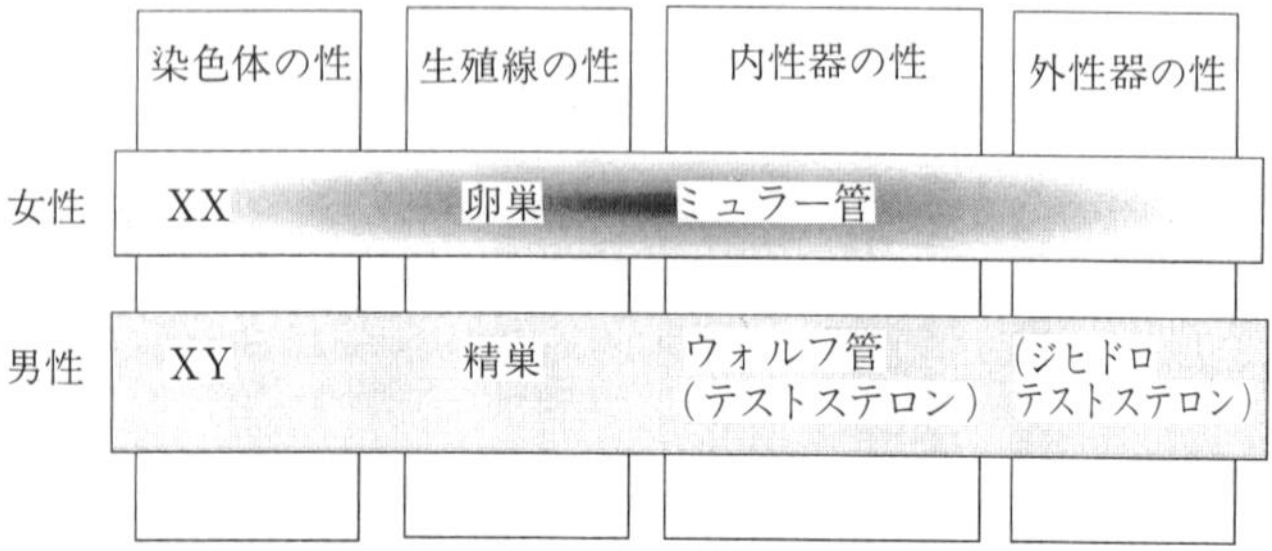

図 3.4　性分化の機序

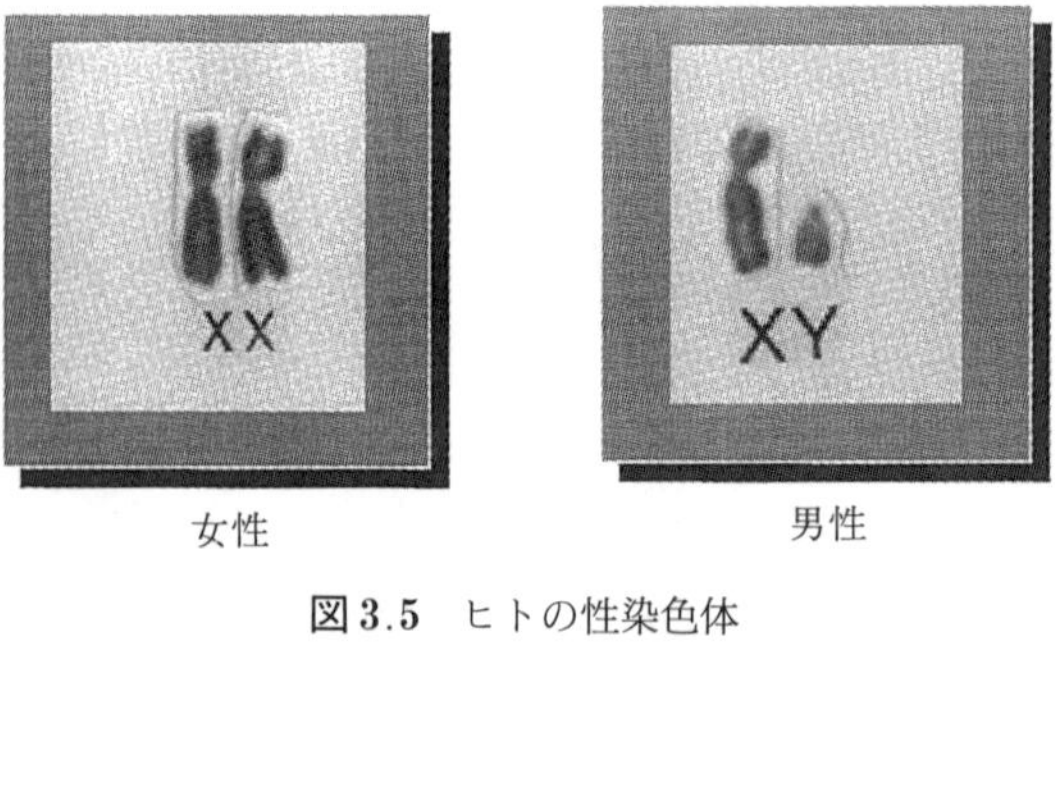

女性　　男性

図 3.5　ヒトの性染色体

二十二対四十四本は体染色体で、残る一対二本が性染色体であり、女性の性染色体はXX、男性はXYである。ヒトの染色体は大きさと動原体の付着部によりA－Gの七群に分類されており、X染色体は比較的大型でC群に、Y染色体は小型でG群に相当する（図3・5）。

(2)　生殖線の性の決定

発生第七週までの原始生殖線には男性、女性の区別がまだ現れない。性染色体にYが存在するとY染色体短腕上の*SRY*（sex-determing region on the Y chromosome）遺伝子により、原始生殖腺は精巣に分化する。Y染色体が存在しない場合（正常女性はXXであるがX染色体が一本のみのターナー症候群であっても）原始生殖線は卵巣に分化する。Y染色体上の*SRY*遺伝子により分化した胎児精巣では、間質に存在するライディヒ細胞から男性ホルモンであるテストステロンが分泌され、精細管のセルトリ支持細胞からは後述するミュラー管の発育を抑えるミュラー管抑制物質（MIS）が分泌される。この二つのホルモンが内性器の性分化に大きな影響を及ぼす。

(3)　性器の性の決定

生殖器は女性における子宮や卵管、男性における精巣上体、精嚢、輸精管などの体内に存在する内性器と大陰唇、小陰唇、陰核や陰茎、陰嚢などの外性器に分けられる。

内性器の分化（図3・6）

胎児には中腎管（ウォルフ管）と傍中腎管（ミュラー管）とよばれる二対の生殖管が存在する。

性腺が卵巣であるか性腺を欠如する場合、ウォルフ管は退縮し、ミュラー管が発育して卵管、子宮、膣の上三分の一を形成する。二本のミュラー管の上部は癒合せず二本の卵管となり、下部は二本が癒合して一つの子宮、一本の膣管を形成する。性腺が精巣に分化するとライディヒ細胞から分

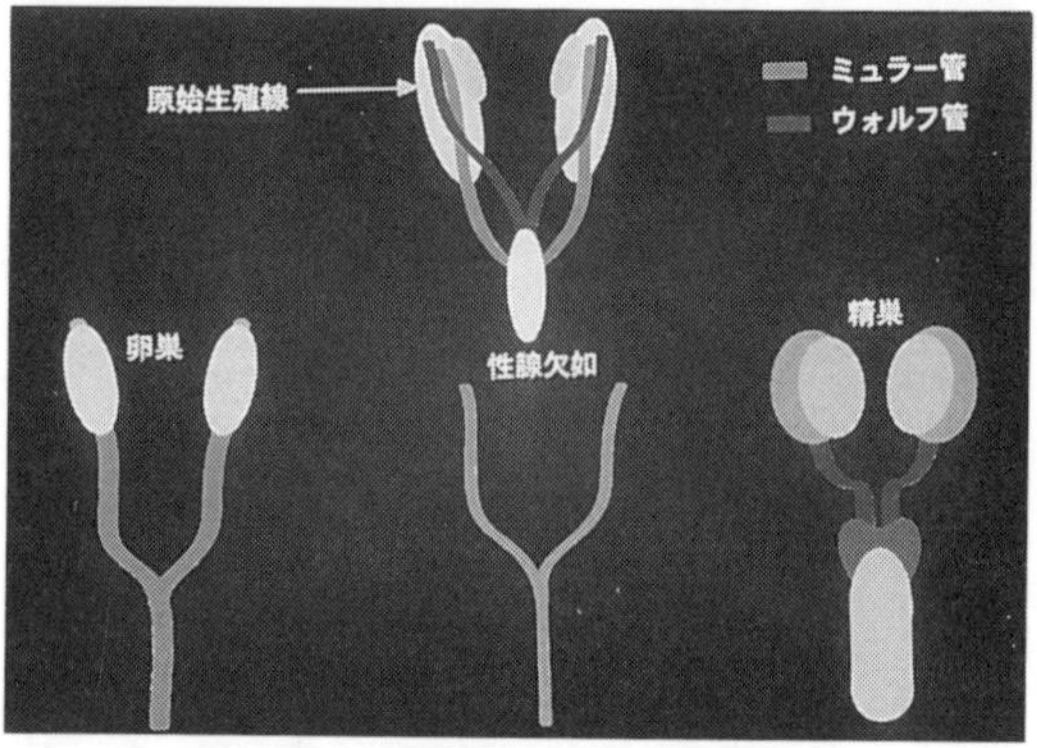

図 3.6　性腺の分化と内性器の発育

泌されるテストステロンの作用により本来退縮するはずのウォルフ管が発育し，セルトリ細胞から分泌されるMISにより本来発育するはずのミュラー管が退縮する。ウォルフ管はテストステロンの作用により精巣上体，精管，精嚢，射精管へと分化する。

外性器の分化

女性における外性器は陰核，小陰唇，大陰唇であり，男性では精巣から分泌されるテストステロンが細胞内の5αリダクターゼという酵素でさらに男性ホルモン作用の強いジヒドロテストステロン（DHT）に転換され，陰茎，陰嚢に分化する。

このようにヒトの性分化の基本は女性であり，性染色体にYが存在しなければ生殖腺は卵巣に分化し，内性器ではミュラー管が発育してウォルフ管が退縮し，外性器は女性型を示す。男性の性分化は，生殖腺が精巣に分化し，精巣から分泌されるホルモンによって，この基本的な流れを大きく変更することによって起こる。男性型の性分化の引き金を引くのがY染色体短腕上に存在するSRYである。

(c)　性分化の異常

性分化異常とは前述した染色体の性，性腺の性，性器の性の関係が一致しないものをいう。これらを総称して間性（intersex）といい，性腺の性と内・外性器の性が一致しない半陰陽と性染色体異常に分類される（表3・4）。

(1) 半陰陽

半陰陽の語源である hermaphroditism はギリシャ神話の男性神 Hermes と女性神 Aphrodite の名前の組合せに由来し、染色体の性と性腺の性は一致するが、性腺の性と内・外性器の性が一致しないものを示す。半陰陽は一つの個体に卵巣と精巣の二つの組織を備えている真性半陰陽と性腺が卵巣か精巣のいずれか一つである仮性半陰陽とがある。性腺が精巣で性器が女性化しているものを

表 3.4 性分化異常の分類

① 半陰陽
(1) 真性半陰陽
(2) 女性仮性半陰陽
1) 副腎性器症候群
2) 経胎盤性アンドロゲンによる男性化
(3) 男性仮性半陰陽
1) アンドロゲン産生低下
2) アンドロゲン不応症
a. 完全型精巣性女性化症
b. 不全型精巣性女性化症
c. ライフェンスタイン症候群
② 性染色体異常
(1) 性腺形成異常症（ターナー症候群）
(2) 混合型性腺形成異常症
(3) クラインフェルター症候群

男性仮性半陰陽、性腺が卵巣で性器に男性化が認められるものを女性仮性半陰陽と定義されている。

① **真性半陰陽**

同一個体に精巣と卵巣が存在するものである。精巣と卵巣が別々に存在するもの、卵精巣として一側に両方の組織を認めることもある。染色体はXXが約六〇%、XYが三〇%、XXとXYが同時に存在するモザイクが一〇%である。性腺は腹腔内から陰嚢内のいずれの場所にも存在しうる。性器は精巣の分化の程度によりさまざまな形態をとる。テストステロンの作用でウォルフ管が発育し、MISの作用でミュラー管が退縮するため、これらの影響の度合いにより性腺の分化が決定される。

② **女性仮性半陰陽**

性染色体はXX、性腺は卵巣であるが男性ホルモンの影響により外性器が男性化したものをいう。

副腎性器症候群

副腎における酵素欠損により副腎皮質ホルモンのコルチゾールの産生が低下し、脳下垂体から副腎皮質刺激ホルモン（ACTH）の産生が亢進し、副腎から分泌される男性ホルモンが増加することが原因である。女児の男性化を起こすのは21αヒドロキシラーゼまたは11βヒドロキシラーゼの欠損である。精巣が存在しないためＭＩＳの分泌はないのでウォルフ管の発育やミュラー管の発育障害などの内性器の異常は起こらず、陰核肥大や陰唇癒合などの外性器の男性化のみを認める。

経胎盤性アンドロゲンによる男性化

胎児が女である場合、母体が妊娠期間中に男性ホルモン作用のある薬剤を投与されると、内性器や外性器の異常が起こる。妊娠初期に流産予防薬として投与された合成黄体ホルモン製剤の19ノルステロンによるものが有名である。

③ 男性仮性半陰陽

性染色体はＸＹ、性腺は精巣であるが内・外性器にさまざまな女性化を認めるものである。この病態を理解するためにはウォルフ管などの標的臓器における男性ホルモンの作用機序（図３・７）を知る必要がある。男性ホルモンはアンドロゲンとよばれ、テストステロンやジヒドロテストステロンの総称である。標的細胞の細胞質にはアンドロゲン（テストステロン、ジヒドロテストステロン）の受容体が存在し、細胞質膜を通過したアンドロゲンは受容体と結合して核の中へ移動する。アンドロゲンを結合した受容体は核内で標的遺伝子に結合し、遺伝子を活性化して男性ホルモンの作用を発現する。テストステロンは内性器、ジヒドロテストステロンは外性器の分化・発育に関与する。

男性仮性半陰陽の原因はアンドロゲンの産生異常やアンドロゲンに対する標的臓器の反応性の欠

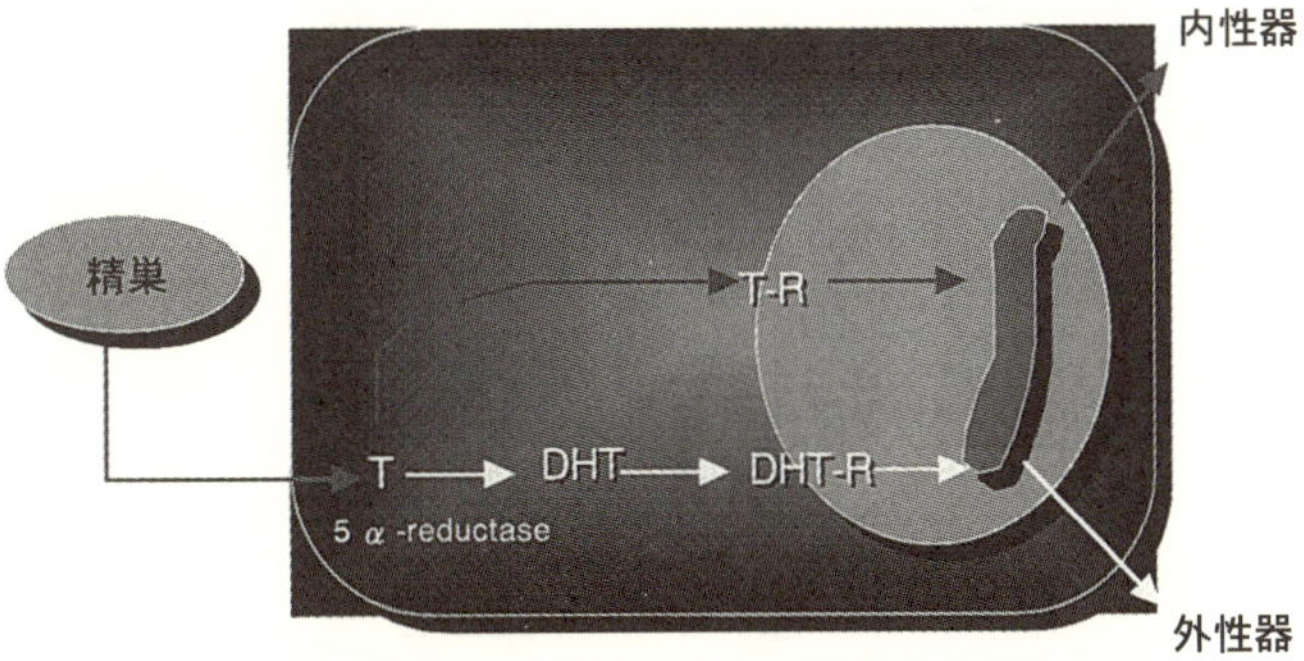

図3.7　標的細胞におけるアンドロゲンの作用

如や低下（アンドロゲン不応症）である。

アンドロゲン不応症

アンドロゲン不応症は、アンドロゲンの産生は正常であるがアンドロゲンの作用が障害されるもので、その病因はアンドロゲン受容体の異常である。アンドロゲン受容体の遺伝子はX染色体の長腕上に存在し、その遺伝子の異常がアンドロゲン不応症の原因である。アンドロゲン不応症はその受容体の異常の程度により、完全型精巣性女性化症、不全型精巣性女性化症、ライフェンスタイン症候群に分類されるが、ここではその代表的な病態である完全型精巣性女性化症について述べる。

完全型精巣性女性化症（図3・8）

性染色体はＸＹ、性腺は精巣であるにもかかわらず外見は完全な女性型を示す病態である。その頻度は五—十三万例に一例といわれている。アンドロゲン受容体はX染色体の長腕上にあるため本症の三分の二は伴性劣性の遺伝形式をとる。身体的特徴は外見はまったく正常な女性であり、身長はやや高い。外陰部は陰唇や陰核の発達は未熟であるが正常な女性型であり、陰毛はごく薄いかまったく認められない。膣は短く、子宮が存在しないため盲端に終わる。精巣は腹腔内、鼠径部または陰唇内に存在する。乳房の発育などの二次性徴は精巣から分泌されるアンドロゲンが女性ホルモンに転換されるため、ほぼ正常女性型である。

本症の病態はアンドロゲン不応症により説明できる。胎児期にY染色体上のＳＲＹにより性腺が精巣に分化して、セルトリ細胞からＭＩＳが分泌されミュラー管は退縮する。ライディヒ細胞からはテストステロンが分泌されるが、ウォルフ管および外性器組織のアンドロゲン受容体の欠損によりその作用が発現されず、ウォルフ管は発育せずに退縮し、外性器は女性型の形態となる。

全身像

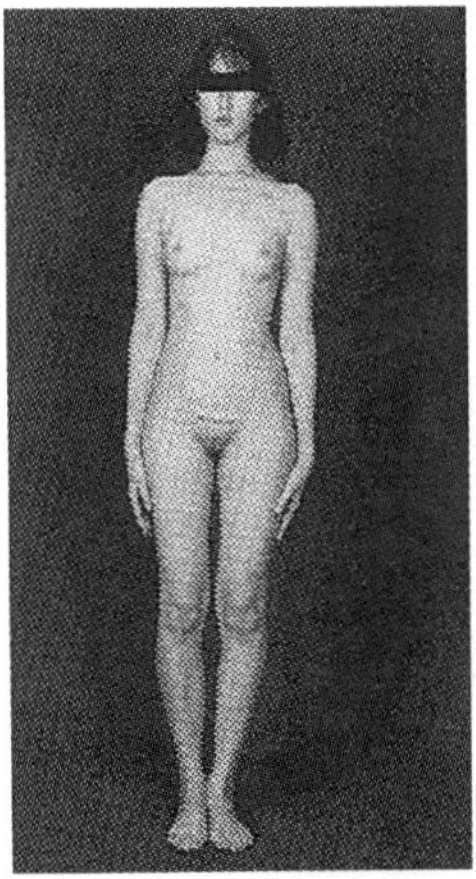

性染色体

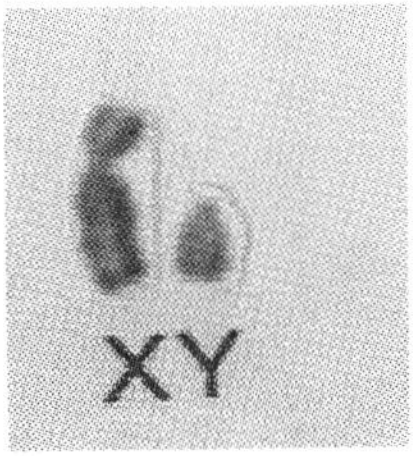

図3.8　精巣性女性化症
19歳，未婚
主訴：原発性無月経
身長：171 cm，体重 54 kg
乳房の発育は良好

(2) 性染色体異常

正常な性染色体は男性ではXY、女性ではXXであるが、この性染色体の数の異常または性染色体と性腺の分化が一致しないものである。ここでは代表的な性染色体異常であるターナー症候群とクラインフェルター症候群について述べる。

ターナー症候群

染色体の基本型は、二本のX染色体の一本を欠如するかまたは短腕の一部を欠損する。発生頻度は女児二五〇〇例に一例である。本症ではY染色体を含まないため性腺は卵巣に分化するが、その発育はきわめて悪く、索状性腺とよばれる痕跡状の性腺である。子宮、卵管の内性器および外性器の形態は正常女性型であるが、発育は不良で小児様である。性腺発育異常のほかに低身長、翼状頸、外反肘などの身体的特徴を有する。知能の発達は正常であるが、卵巣における女性ホルモンの産生がないため月経の発来がなく、二次性徴を欠如する。

クラインフェルター症候群

三本の性染色体ををもち、二本がX染色体で一本がY染色体である。内・外性器は男性型であるが、精巣や外性器の発育が悪く、高度の乏精子症や無精子症などの精子形成障害を伴う。身体的異常としては女性化乳房など軽度なものがほとんどで、男性不妊で病院を受診し、染色体検査で発見されることが多い。

(d)　お　わ　り　に

性分化異常の病態を調べることで、性分化のメカニズムが解明されてきた。話が煩雑になるため本節では触れなかったが、最近の分子生物学の進歩により、性分化の機序は遺伝子レベルで詳細に解明されてきている。本稿が性分化異常に対する読者諸兄のご理解の一助になれば幸いである。

(武内裕之)

〔4〕 性同一性障害

(a)　は　じ　め　に

一九九六年、埼玉医科大学倫理委員会は、性同一性障害（gender identity disorder）の治療として、性別再割り当て手術ＳＲＳ（sex reassignment surgery）を正当な医療行為と判断した。一九九七年、日本精神神経学会は性同一性障害の治療のガイドラインともいえる答申と提言を発表した。

そして、一九九八年十月には、正式な医療行為としては国内で最初となる女性から男性への性同一性障害の患者へのＳＲＳが行われたことは記憶に新しい。これに続くかのように、性同一性障害を医療、法律、社会といったさまざまな面から研究するＧＩＤ研究会が発足した。先に開かれた第二回ＧＩＤ研究会では、二〇〇〇年三月二十四日に、岡山大学で、川崎医科大学との共同でジェンダークリニック（性同一性障害の治療をする専門のチーム）の発足が承認され、近畿大学でも、ジェンダークリニックの開設を目指しているとの報告がなされた。

医療での性同一性障害の人々の受け入れは進み始めた。今後は性同一性障害の人々の社会での受け入れや認知、戸籍や住民票などの法的問題の解決が望まれる。

(b) 性同一性障害とはなにか

性同一性障害とは、身体的には問題なく、自分自身が身体的、社会的にどちらの性別であるかを認識していながら、精神的には反対の性別に属していると感じていたり、身体的、社会的な性別に強い不快感や違和感をもち、その結果、精神の意識する性別のほうに、身体的、社会的な性別や性別役割を合わせようとする、すなわち、精神の性別と身体的、社会的の性別や性別役割との間に生じる適応障害である。(3) しかし、この説明だけで性同一性障害を理解するのは非常に困難である。なぜならば、健常の人であれば、身体・社会的性別と、自分がどちらの性別に属しているかというジェンダー・アイデンティティ（gender identity：性別の自己認識、性自認）は一致しており、自分の性別が間違っていると意識したり、自分の性別を不快に思うことなどないからである。

では、ジェンダー・アイデンティティとはいったいなんであろうか。人間は、いつ、どこで、どんなときでも、どんなことをしていても「私は私である」という自己同一性、すなわちアイデンティティを保っている。アイデンティティは、個人の中にひとりでに作られるものではなく、自分と社会とのかかわりの中で形成される。

その個人のアイデンティティを支える重要な柱の一つとして，「身体的にも，社会的にも，いかなる時においても，私は女性（もしくは男性）である」と認知する性別の自己同一性，すなわちジェンダー・アイデンティティがある。ジェンダー・アイデンティティには，自分の性別がどちらに属しているかと感じる中核的な部分があり，それをコア・ジェンダー・アイデンティティ（core gender identity），もしくはベイシック・ジェンダー・アイデンティティ（basic gender identity）という。

このコア・ジェンダー・アイデンティティは，胎児期，もしくは幼児期の早期までに形成され，ある臨界期を過ぎた後は矯正不可能だと考えられている。それに対し，ジェンダー・アイデンティティは，コア・ジェンダー・アイデンティティを土台にして，身体的・社会的性別や性別役割，性的指向性，そのほかさまざまなことから影響を受け，発達・形成していく。

性同一性障害では，なんらかの原因でコア・ジェンダー・アイデンティティでの性別が，身体的・社会的性別と食い違ってしまったため，ジェンダー・アイデンティティの発達形成がうまくいかなくなっていると考えられている。その結果，彼らは，現実には，身体的・社会的にも自分は女性（もしくは男性）であると認識しているのにかかわらず，自分の身体的・社会的性別や性別役割に適応できず，自分の性別に違和感や不快を感じたり，反対の性別になりたいと思うのだと考えられている。

性同一性障害にみられる特徴的行動にはつぎのようなものがある。子供では、反対の性別の遊びや服装を好んだり、大人になったら反対の性別になるという幻想を抱いたりする。

第二次性徴が始まると、自分の性徴を激しく拒絶するものが現れる。中学・高校では、制服着用の拒絶、不登校などがみられる。成人では反対の性別で生きたいと強く望んだり、性的特徴を変えるための治療を求めたりする(2、3)。

注意すべき点として、性同一性障害の人々は必ずしもSRSを望んだり、必要とするわけではない。そして、性同一性障害の人の中には、性別は男女の二分法で分けられない、中性もしくはそれ以外の形を望む人もいる。また、SRSを望んでいない人の中にも、将来的にSRSを望むようになる人もいるし、その反対の人もいる。よく混同されるが、性同一性障害と同性愛は、それぞれ、ジェンダー・アイデンティティと性的指向性(sexual orientation)といった異なる点で生じている。そのため、性同一性障害でありながら同性愛である、すなわち、「男(女)性から女(男)性への性同一性障害であるが、性愛の対象は女(男)性である」という人もしばしばみられる。この傾向は男性から女性へ向かう性同一性障害の人々に多い。性同一性障害や同性愛というと、女々しい男性や雄々しい女性が連想されがちだが、こういったことも性同一性障害や同性愛とは直接は関係ない。

(c) 性同一性障害の原因はなにか

有力な仮説はいくつかあるが、性同一性障害の原因はまだ解明されていない。けれども、心理・社会学説でも、生物学説においても、本人の意志が介在する前（生後十八か月から二年まで）にコア・ジェンダー・アイデンティティの逆転が起こり、その後の治療では変えられないと考えられている。

過去には、周囲や親の接し方や育て方により、子供の性別は刷り込まれるものだと考えられてきた。そのため、性同一性障害も、乳幼児期の性別の刷り込み間違いによって生じる、心理・社会的原因によって生じるものと考えられてきた。しかしながら、医師の判断によって決定された性別に違和感を訴える半陰陽（性分化異常で外性器から男女の見分けがつかない）の人々や、ペニスを事故でなくした男児を女児として育てようとして失敗した経験から、心理・社会的原因説は疑問視されている。

それに対し、脳の性分化や脳の性差はめざましい早さで解明されつつある。その結果、いまでは性同一性障害や同性愛は、胎児期の脳の性分化が、母胎への過度のストレスや薬物投与など、なんらかの影響を受けたために起こるのではないかという生物学的原因説がもてはやされている。

生物学的には、哺乳類の脳は、胎児期から出産直後のある時期に、雄胎児自身の睾丸から分泌される多量の男性ホルモン（アンドロゲンシャワー）により、雄型へ不可逆的に分化することが確かめられている。また、特定の時期にホルモン投与をすることで、性行動が逆転した動物をつくることは容易である。しかし、性行動が逆転した動物たちが、同性愛、性同一性障害のどちらを表しているのか、ジェンダー・アイデンティティをもたない動物たちからは判断することができない。

人間の性行動は大脳新皮質の、すなわち学習の影響が少なくない。単に、胎児期の脳の性分化だけで、同性愛や性同一性障害になるとは考えにくい。今後、さらなる研究結果が待たれるところである。

(d) 性同一性障害の治療

過去には、性同一性障害の治療として、身体的・社会的性別に精神の性別を合わせようとするさまざまな方法が試された。しかし、それらの治療はすべて失敗に終わっている。そのため現在では、精神の性別に身体的・社会的の性別を合わせるのが、当事者救済の唯一の手段として行われている。

現在行われている性同一性障害の治療は、精神療法、ホルモン療法、SRSの三段階に分けて行われる。

精神療法は精神の性別を身体や社会の性別に矯正するものではなく、性別の混乱や不安、苦痛を取り除き、患者自身がどう生きたいのかを自分で決められるよう手助けをするものである。また、性同一性障害と同時に他の精神障害を併発している場合には、その精神障害の治療も平行して行われる。

精神療法が適度に進んだところで，患者自身にリアル・ライフ・テスト（real life test，実生活経験）を始めてもらう。

リアル・ライフ・テストとは，時間や期間にかかわらず，患者自身が実際になりたい性別での生活を実際に試し，その性別への適応をはかるものである。テストといっても，自分自身を試すものであり，治療者が患者を試すものではない。

治療者は患者のリアル・ライフ・テストの経過を十分に観察する。患者の性別を変えたい意志に変化がないことが確認できたときは，つぎのステップに進める。この際，精神療法は中断されることなく，すべての治療が終結するまで続けられる。

ホルモン療法は，身体の性別の反対の性ホルモンを投与し，身体を精神の性別のイメージに近づけ，身体の性別への嫌悪感を減弱させたり，患者が望む性別での生活を送りやすくするものである。

SRSは，ホルモン療法でも，不安や苦痛が緩和されない患者にのみ適応されるもので，外性器を主とし，乳房などの身体の性的特徴の形状や機能を精神の性別に近づけるための外科的治療である。

ここに至るまでに彼らは望みの性別の一員として十分に適応できていなければならない。なぜならば、SRSは望みの性別での生活を補完するためのものであり、SRSによって望みの性別の生活が得られるわけではないからである。

SRSによって患者の治療が終結するわけではない。性同一性障害の人々はSRS後も家族関係や、戸籍、就職といった社会的な問題を抱え続ける。そのため、患者が必要とする限り精神療法は継続される。(17)

(e) 当事者自身ができること

最近では、性同一性障害の人々が必要とする情報は、各都市にある性同一性障害の自助グループや書物、ミニコミ誌、インターネットサイトなどで容易に入手できるようになった。多くの情報は、「自分がなんであるのかわからない」という当事者にとって自己の理解につながるであろう。自助グループへの参加は、悩みを共有できる同士に会うこと、すなわち孤立感の除去につながるであろう。

実際に、生活している性別を変えることは非常に困難である。自助グループには、いままで多くの当事者が性別を変える努力をした、その方法と結果が蓄積されつつある。それらは望みの性別で暮らすうえで必ず役に立つであろう。自助グループへの参加は、性同一性障害の社会の理解にもつながるであろう。実際、性同一性障害の人々にとって、自助グループへの参加は医療と同じか、またはそれ以上に役立っている。(9)（森　泰美）

用語説明

精神的性別：自分がどちらの性別であるかを意識する性別、性別の自己認知
身体的性別：外性器、内性器、性染色体など身体の性徴による性別
社会的性別：戸籍、住民票などに記載されている性別、実生活上での性別
性別役割：「男は仕事、女は家事」といったような、社会が押しつける性別ごとの役割
性的指向性：恋愛の対象が異性に向くか同性に向くか、恋愛対象とする性別の方向性

引用・参考文献

（文献番号は本文中の番号と対応している）

1章〔2〕 雌の性行動

1) Arai, Y. and Gorski, R.A. : Effect of anti-estrogen on steroid induced sexual receptivity in ovariectomized rats. *Physiol. Behav.* **3**, 351-353, 1968.

2) Arendash, G.W. and Gorski, R.A. : Suppression of lordotic responsiveness in the female rat during mesencephalic electrical stimulation. *Pharmacol. Biochem. Behav.* **19**, 351-357, 1983.

3) Barfield, R.J. and Chen J.J. : Activation of estrous behavior in ovariectomized rats by intracerebral implants of estradiol benzoate. *Endocrinology,* **101**, 1716-1725, 1977.

4) Beyer, C., Vidal, N. and McDonald, P.G. : Interaction of gonadal steroids and their effect on sexual behaviour in the rabbit. *J. Endocrinology,* **45**, 407-413, 1969.

5) Blaustein, J. D. and Wade, G. N. : Concurrent inhibition of sexual behavior, but not brain [3H] estradiol uptake, by progesterone in female rats. *J. Comp. Physiol. Psycho.* **91**, 742-751, 1977.

6) Cadepond, F., Ulmann, A. and Baulieu, E. E. : RU486 (mifepristone) : mechanisms of action and clinical uses. *Annu. Rev. Med.,* **48**, 129-156, 1997.

7) Chen, T.J., Chang, H-C., Hsu, C. and Peng, M-T. : Effect of anterior roof deafferentation on lordosis behavior and estrogen receptors in various brain regions of female rats. *Physiol. Behav.* **52**, 7-11, 1992.

8) DeBold, J.F., Martin, J.V. and Whalen, R.E. : The excitation and inhibition of sexual receptivity

in female hamsters by progesterone: time and dose relationships, neural localization and mechanisms of action. *Endocrinology,* **99**, 1519-1527, 1976.

9) Feder, H. H. and Marrone, B. L.: Progesterone: its role in the central nervous system as a facilitator and inhibitor of sexual behavior and gonadotropin release. *Ann. N.Y. Acad. Sci.,* **286**, 331-354, 1977.

10) Frye, C.A. and DeBold, J.F.: 3a-OH-DHP and 5a-THDOC implants to the ventral tegmental area facilitates sexual receptivity in hamsters after progesterone priming to the ventral medial hypothalamus. *Brain Res.,* **612**, 130-137, 1998.

11) Frye, C. A. and Vongher, J.M.: Progesterone has rapid and membrane effects in the facilitation of female mouse sexual behavior (1999). *Brain Res.,* **815**, 259-269, 1999.

12) Hardy, D.F. and DeBold, J.F.: The relationship between levels of exogenous hormones and the display of lordosis by the female rat. *Horm. Behav.,* **2**, 287-297, 1971.

13) Hasegawa T. and Sakuma Y.: Developmental effect of testosterone on estrogen sensitivity of the rat preoptic neurons with axons to the ventral tegmental area. *Brain Res,* **611**, 1-6, 1993.

14) Hasegawa, T., Takeo, T., Akitsu, H., Hoshina Y. and Sakuma, Y.: Interruption of the lordosis reflex of female rats by ventral midbrain stimulation. *Physiol. Behav.,* **50**, 1033-1038, 1991.

15) Hayashi, S., Yokosuka, M. and Orisaka, C.: Developmental aspects of estrogen receptors in the rat brain. In Neural Control of Reproduction-Physiology and Behavior eds by Maeda, K.-I. Tsukamura, H., Yokoyama, A., Jap. Sci. Soc. Press, Tokyo, pp. 135-152, 1997.

16) Hoshina, Y., Takeo, T., Nakano, K., Sato, T. and Sakuma, Y.: Axon-sparing lesion of the preoptic area enhances receptivity and diminishes proceptivity among components of female rat

sexual behavior. *Behav. Brain Res.*, **61**, 197–204, 1994.
17) Hsu, C.H. : Blockade of lordosis by androst-1, 4, 6-triene-3, 17-dione (ATD) and tamoxifen in female hamsters primed with testosterone propionate. *Horm. Behav.*, **24**, 14–19, 1990.
18) Kakeyama, M. and Yamanouchi, K. : Two types of lordosis inhibiting system in male rats : Dorsal raphe nucleus lesions and septal cuts. *Physiol. Behav.* **56**, 189–192, 1994.
19) Kakeyama, M. and Yamanouchi, K. : Inhibitory effect of baclofen on lordosis in female and male rats with dorsal raphe nuclues lesion or septal cut. *Neuroendocrinolog*, **63**, 290–296, 1996.
20) Kakeyama, M., Negishi, M.and Yamanouchi, K. : Facilitatory effect of ventral cut of dorsal raphe nucleus on lordosis in female rats. *Endocr. J.*, **44**, 589–593, 1997.
21) Kato, J., Onouchi, T. and Okinaga, S. : Hypothalamic and hypophysial progesterone receptors : estrogen-priming effect, differential localization, 5α-dihydroprogesterone binding, and nuclear receptors. *J. Steroid. Biochem.*, **9**, 419–27, 1978.
22) Kato, A. and Sakuma, Y. : Neuronal activity in female rat preoptic area associated with sexually motivated behavior. *Brain Res.*, 2000, in press.
23) Kondo, Y., Koizumi, T., Arai, Y., Kakeyama, M. and Yamanouchi, K. : Functional relationships between mesencephalic central gray and septum in regulating lordosis in female rats : Effect of dual lesions. *Brain Res. Bull.*, **32**, 635–938, 1993.
24) Kraus, W.L., Weis, K.E., and Katzenellenbogen, B.S. : Inhibitory cross-talk between steroid hormone receptors : differential targeting of estrogen receptor in the repression of its transcriptional activity by agonist- and antagonist-occupied progestin receptors. *Mol Cell Biol.*, **15**, 1847–57, 1995.

25) Lagrange, A.H., Ronnekleiv, O.K. and Kelly, M.J. : Modulation of G protein-coupled receptors by an estrogen receptor that activates protein kinase A. *Mol Pharmacol.,* **51**, 605-612, 1997.

26) Landau, I.T. : Relationships between the effects of the antiestrogen, CI-628, on sexual behavior ; uterine growth, and cell nuclear estrogen retention after estradiol-17β-benzoate administration in the ovariectomized rat. *Brain Res.,* **113**, 119-138, 1977.

27) Lisk, R.D. and MacGregor, L. : Subproestrus estrogen levels facilitate lordosis following septal or cingulate lesions. *Neuroendocrinology,* **35**, 313-320, 1982.

28) MacLusky, N.J. and McEwen, B.S. : Oestrogen modulates progestin receptor concentrations in some rat brain regions but not in others. *Nature,* **274**, 276-8, 1978.

29) Marshall, F.H.A. and Hammond, J. Jr. : Experimental control by hormone action of the oestrous cycle in the ferret. *J. Endocrinology,* **4**, 159-168, 1945.

30) Mathews, D. and Edwards, D.A. : Involvement of the ventromedial and anterior hypothalamic nuclei in the hormonal induction of receptivity in the female rat. *Physiol. Behav.,* **19**, 319-326, 1977.

31) Modianos, D.T., Delia, H. and Hitt, J.C. : Lordosis in female rats following medial forebrain bundle lesions. *Behav. Biol.,* **18**, 135-141, 1976.

32) Moguilewsky, M. and Raynaud, J.P. : The relevance of hypothalamic and hyphophyseal progestin receptor regulation in the induction and inhibition of sexual behavior in the female rat. *Endocrinology,* **105**, 516-22, 1979.

33) Morali, G. and Beyer, C. : Neuroendocrine control of mammalian estrous behavior. In beyer, C. ed. Endocrine control of sexual behavior. New York : Raven Press, 33-75, 1979.

34) Moreines, J.K., and Powers, J.B. : Effects of acute ovariectomy on the lordosis response of female rats. *Physiol. Behav.,* **19**, 277-83, 1977 ; Morin, L.P. : Theoretical review. Progesterone : inhibition of rodent sexual behavior. *Physiol. Behav.,* **18**, 701-15, 1977.

35) Morin, L.P. and Feder, H.H. : Hypothalamic progesterone implants and facilitation of lordosis behavior in estrogen-primed ovariectomized guinea pigs. *Brain Res.,* **70**, 81-93, 1974.

36) Nance, D.M., Shryne, J. and Gorski, R.A. : Effects of septal lesions on behvioral sensitivity of female rats to gonadal hormone. *Horm. Behav.,* **6**, 59-64, 1975.

37) Nance, D.W., Christensen, L.W., Shryne, J.E. and Gorski, R.A. : Modifications in gonadotropin control and reproductive behavior in the female rats by hypothalamic and preoptic lesions. *Brain Res. Bull.,* **2**, 307-312, 1977.

38) Ogawa, S., Eng, V., Taylor, J., Lubahn, D.B., Korach, K.S. and Pfaff, D.W. : Roles of estrogen receptor alpha gene expression in reproduction-related behaviors in female mice. *Endocrinology,* **139**, 5070-5081, 1998.

39) Ogawa, S., Olazabal, U.E., Parhar, I.S. and Pfaff, D.W. : Effects of intrahypothalamic administration of antisense DNA for progesterone receptor mRNA on reproductive behavior and progesterone receptor immunoreactivity in female rat. *J. Neurosci,* **14**, 1766-74, 1994.

40) Olster, D.H. and Blaustein, J.D. : Progesterone facilitates lordosis, but not LH release, in estradiol pulse-primed male rats. *Physiol. Behav.,* **50**, 237-242, 1990.

41) Pfaff, D.W. and Sakuma, Y. : facilitation of the lordosis reflex of female rats from the ventromedial nucleus of the hypothalamus. *J. Physiol.,* **288**, 189-202, 1979.

42) Pfaff, D.W. and Sakuma, Y. : Deicit in the lordosis reflex of female rats caused by lesions in the

ventromedial nucleus of the hypothalamus. *J. Physiol.,* **288**, 203-310, 1979.

43) Pfaff. D.W., Schwartz-Giblin, S., McCarthy, M.M. and Kow, L-M. : Cellular and molecular mechanisms of female reproductive behaviors. In : Knobil, E., Neill, J.D. (eds), The Physiology of Reproduction, New York, Raven, pp. 107-220, 1994.

44) Pollio, G., Xue, P., Zanisi, M., Nicolin, A. and Maggi, A. : Antisense oligonucleotide blocks progesterone-induced lordosis behavior in ovariectomized rats. *Brain Res. Mol Brain Res.,* **19**, 135-9, 1993.

45) Popolow, H.B., King, J.C., Gerall, A.A., : Rostral medial preoptic area lesions' influence on female estrous processes and LHRH distribution. *Physiol. Behav.,* **27**, 855-861, 1981.

46) Powers, B. and Valenstein, E.S. : Sexual receptivity : Facilitation by medial preoptic lesions in female rats. *Science,* **175**, 1003-1005, 1972.

47) Risold, P.Y. and Swanson, L.W. : Chemoarchitecture of the rat lateral septal nucleus. *Brain Res. Rev.,* **24**, 91-113, 1997.

48) Romano, G.J., Krust, A. and Pfaff, D.W. : Expression and estrogen regulation of progesterone receptor mRNA in neurons of the mediobasal hypothalamus : an in situ hybridization study [published erratum appears in Mol Endocrinol. 1989 Aug. ; 3(11) : 1860]. *Mol Endocrinol.,* **3**, 1295-300, 1989.

49) Rubin, B.S. and Barfield, R.J. : Progesterone in the ventromedial hypothalamus of ovariectomized, estrogen-primed rats inhibits subsequent facilitation of estrous behavior by systemic progesterone. *Brain Res.,* **294**, 1-8, 1984.

50) Sakuma, Y. : Influences of neonatal gonadectomy or androgen exposure on the sexual

differentiation of the rat ventromedial hypothalamus. *J. Physiol. Lond.*, **349**, 273–286, 1984.

51) Sakuma, Y. : Estrogen-induced changes in the neural impulse flow from the female rat preoptic region. *Horm. Behav.*, **28**, 438–444, 1994.

52) Sakuma, Y. : Differential control of proceptive and receptive components of female rat sexual behavior by the preoptic area. *Jpn. J. Physiol.*, **45**, 211–228, 1995.

53) Sakuma, Y. and Pfaff, D.W. : Mesencephalic mechanisms for integraion of female reproductive behavior in the rats. *Am. J. Physiol.*, **237**, R285–R290, 1980.

54) Sakamoto, Y., Suga S. and Sakuma, Y. : Estrogen-sensitive neurons in the female rat ventral tegmental area : a dual route for the hormone action. *J. Neurophysiol.*, **70**, 1469–175, 1993.

55) Satou, M. and Yamanouchi, K. : Inhibitory effect of progesterone on sexual receptivity in female rats : a temporal relationship to estrogen administration. *Zoolog. Sci.*, **13**, 609–13, 1996.

56) Satou, M. and Yamanouchi, K. : Lordosis-inhibiting effect of progesterone in female rats with lesions in septum, preoptic area, or dorsal raphe nucleus. *Physiol. Behav.*, **60**, 1027–31, 1996.

57) Satou, M. and Yamanouchi, K. : Lordosis-inhibiting effect of progesterone in male and female rats with septal lesion. *Brain Res. Bull.*, **53**, in press, 2000.

58) Satou, M. and Yamanouchi, K. : Effect of direct application of estrogen aimed at lateral septum or dorsal raphe nucleus on lordosis behaivor : Regional and sexual differences in rats. *Neuroendocrinology*, **69**, 446–452, 1999.

59) Satou, M. and Yamanouchi, K. : Inhibitory effect of progesterone on androgen-induced lordosis in ovariectomized rats. *Endocrine J.*, **45** (2), 235–239, 1998.

60) Sinnamon, H.M. : Microstimulation mapping of the basal forebrain in the anesthetized rat : The

"preoptic locomotor region". *Neuroscience,* **50**, 197-207, 1992.

61) Stumpf, W.E. and Grant, L.D. : *Anatomical Neuroendocrinology*. Karger, Basel, 1974

62) Södersten, P. and Hansen, S. : Eneroth, P. Inhibition of sexual behavior in lactating rats. *J. Endocrinology,* **99**, 189-197, 1988.

63) Suga, S., Akaishi, T. and Sakuma, Y. : GnRH inhibits neuronal activity in the ventral tegmental area of the estrogen-primed ovariectomized rat. *Neurosci. Lett.,* **228**, 13-16, 1977.

64) Takeo, T., Chiba, Y. and Sakuma, Y. : Suppression of lordosis reflex of female rats by efferents of the medial preoptic area. *Physiol. Behav.,* **53**, 831-838, 1993.

65) Takeo, T., Kudo, M. and Sakuma, Y. : Stria terminalis conveys a facilitatory estrogen effect on female rat lordosis reflex. *Neurosci. Lett.,* **184**, 79-81, 1995.

66) Takeo, T. and Sakuma, Y. : Diametrically opposite effects of estrogen on the excitability of female rat medial and lateral preoptic neurons with axons to the midbrain locomotor region. *Neurosci. Res.,* **22**, 73-80, 1995.

67) Tobet, S.A. and Baum, M.J. : Implanttion of dihydrotestosterone propionate into the lateral septum inhibits sexual receptivity in estrogen-primed, ovariectomized rats. *Neuroendocrinology,* **34**, 333-338, 1982.

68) Turcotte, J.C. and Blaustein, J.D. : Immunocytochemical localization of midbrain estrogen receptor- and progestin receptor- containing cells in female guinea pigs. *J. Comp. Neurol.,* **328**, 76-87, 1993.

69) Ward, I.L., Franck, J.E. and Crowley, W.R. : Central progesterone induces female sexual behavior in estrogen-primed intact males rats. *J. Comp. Physiol. Psychol.,* **91**, 1416-23, 1977.

70) Whitney, J.F. : Effect of medial preoptic lesions on sexual behavior of female rats is determined by test situation. *Behav. Neurosci.,* **100**, 230-235, 1986.

71) Yahr, P. and Gerling, S.A. : Aromatization and androgen stimulation of sexual behavior in male and female rats. *Horm.Behav.,* **10**, 128-142, 1978.

72) Yamanouchi, K. : Inhibitory and facilitatory neural mechanisms involved in the regualtion of lordosis behavior in female rats : Effects of dual cuts in the preoptic area and hypothalamus. *Physiol. Behav.,* **25**, 721-725, 1980.

73) Yamanouchi, K. and Arai, Y. : Possible inhibitory role of the dorsal inpouts to the preoptic area and hypothalamus in regulating female sexual behavior in the female rat. *Brain Res.,* **127**, 296-301, 1977.

74) Yamanouchi, K. and Arai, Y. : Effects of hypothalamic deafferentation on hormonal facilitation of lordosis in ovariectomized rats. *Endocrinol. Japon.,* **26**, 307-312, 1979.

75) Yamanouchi, K. and Arai, Y. : Forebrain and lower brainstem participation in facilitatory and inhibitory regulation of the display of lordosis in female rats. *Physiol. Behav.,* **30**, 155-159, 1983.

76) Yamanouchi, K. and Arai, Y. : The role of mesencephalic tegmentum in regulating female rat sexual behaviors. *Physiol. Behav.,* **35**, 255-259, 1985.

77) Yamanouchi, K. and Arai, Y. : Presence of a neural mechanism for the expression of female sexual behaviors in the male rat brain. *Neuroendocrinology,* **40**, 393-7, 1985.

78) Yamanouchi, K. and Arai, Y. : Lordosis-inhibiting pathway in the lateral hypothalamus : Medial forebrain bundle (MFB) transection. *Zool. Sci.,* **6**, 41-145, 1989.

79) Yamanouchi, K. and Arai, Y. : The septum as origin of a lordosis inhibiting influence in female

rats : Effect of neural transection. *Physiol. Behav.*, **48**, 351-355, 1990.
80) 山内兄人・佐藤元康：性行動制御機構とその性分化における性ホルモンの役割，神経研究の進歩（特集，脳とステロイドホルモン），**42**(4)，610-623，1998.
81) Yanase, M. and Gorski, R.A. : Sites of estrogen and progesterone facilitation of lordosis behavior in the spayed rat. *Biol. Reproduction,* **15**, 536-543, 1976.
82) Zucker, I. : Facilitatory and inhibitory effects of progesterone on sexual responses of spayed guinea pigs. *J. Comp. Physiol. Psycho.,* **3**, 376-381, 1966.
83) Zucker, I. : Actions of progesterone in the control of sexual receptivity of the spayed female rat. *J. Comp. Physiol. Psycho.,* **2**, 313-361, 1967.
84) Zhu, Y-S. and Pfaff, D.W. : DNA binding of hypothalamic nuclear proteins on estrogen response element and preproenkephalin promoter : modification by estrogen. *Neuroendocrinol.,* **62**, 454-466, 1995.

1章〔3〕 雄の性行動

1) Baum, M.J., Tobet, S.A. and Starr, M.S. : Bradshaw WG : Implantation of dihydrotestosterone propionate into the lateral septum or medial amygdala facilitates copulation in castrated male rat given estradiol systemically. *Horm. Behav.,* **16**, 208-223, 1982.
2) Baum, M.J. and Vreeburg, J.T.M. : Copulation in castrated male rats following combined treatment with estradiol and dihydrotestosterone. *Science,* **182**, 283-285, 1973.
3) Beach, F.A., Zitrin, A. and Jaynes, J. : Neural mediationof mating in male cats. II. contributions of the frontal cortex. *J. Comp. Exp. Zool.,* **130**, 381-401, 1955.

4) Bernabé J., Rampin, O., Sachs, B.D. and Giuliano, F. : Intracavernous pressure during erection in rats : an integrative approach based on telemetric recording. *Am. J. Physiol.,* **276**, R441–R449, 1999.

5) Bitran, D. and Hull, E.M. : Pharmacological analysis of male rat sexual behavior. Neurosci. *Biobehav. Rev.,* **11**, 365–389, 1987.

6) Brackett, N.L. and Edwards, D.A. : Medial preoptic connections with the midbrain tegmentum are essential for male sexual behavior. *Physiol. Behav.,* **32**, 79–84, 1984.

7) Chen, K.-K., Chan, J.Y.H., Chang, L.S., Chen, M.-T. and Chan, S.H.H. : Elicitation of penile erection following activation of the hippocampal formation in the rat. *Neurosci. Lett.,* **141**, 218–222, 1992.

8) Christensen, L.W. and Clemens, L.G. : Blocade of testosterone-induced mounting behavior in the male rat with intracranial application of the aromatization inhibitor, androst-1,4,6–triene-3,17–dione. *Encorinol.,* **97**, 545–1551, 1975.

9) Chung, S.K., McVary, K.T. and McKenna, K.E. : Sexual reflexes in male and female rats. *Neurosci. Lett.,* **94**, 343–348, 1988.

10) Davidson, J.M. : Characteristics of sex behaviour in male rats following castration. *Anim. Behav.,* **14**, 266–272, 1966.

11) de Jonge, F.H., Oldenburger, W.P., Louwerse, A.L. and Van de Poll, N.E. : Changes in male copulatory behavior after sexual exciting stimuli : effects of medial amygdala lesions. *Physiol. Behav.,* **52**, 327–332, 1992.

12) Gessa, G. L. and Tagliamonte, A. : Role of brain monoamines in male sexual behavior. *Life*

Science, **14**, 425-436, 1974.
13) Giuliano, F., Rampin, O., Brown, K., Courtois, F., Benoit, G. and Jardin, A. : Stimulation of the medial preoptic area of the hypothalamus in the rat elicit increases in intracavernous pressure. *Neurosci. Lett.,* **209**, 1-4, 1996.
14) Hart, B.L. and Melese-d'Hospital, P.Y. : Penile mechanisms and the role of the striated penile muscles in penile reflexes. *Physiol. Behav.,* **31**, 807-813, 1983.
15) Heimer, L. and Larsson, K. : Impairment of mating behavior in male rats following lesions in the preoptic-anterior hypothalamic continuum. *Brain Res.,* **3**, 248-263, 1966/1967.
16) Johnston, P. and Davidson, J.M. : Intracerebral androgens and sexual behavior in the male rat. *Horm. Behav.,* **3**, 345-357, 1972.
17) Kondo, Y. : Lesions of the medial amygdala produce severe impairment of copulatory behavior in sexually inexperienced male rats. *Physiol. Behav.,* **51**, 939-943, 1992.
18) Kondo, Y., Sachs, B.D. and Sakuma, Y. : Importance of the medial amygdala in rat penile erection evoked by remote stimuli from estrous females. Behav. *Brain Res.,* **88**, 153-160, 1997.
19) 近藤保彦・佐久間康夫：ペニス勃起－動物モデルと測定方法．ヒューマンサイエンス．**8**, 98-107, 1996.
20) Kondo, Y., Shinoda, A., Yamanouchi, K. and Arai, Y. : Role of septum and preoptic area in regulating masculine and feminine sexual behavior in male rats. *Horm. Behav.,* **24**, 421-434, 1990.
21) Kondo, Y., Sudo, T., Tomihara, K. and Sakuma, Y. : Main and accessory olfactory inputs for the activation of the medial amygdala during male sexual behavior in the rat. Society for Neuros-

cience, the 27th Annual Meeting (New Orleans), 1997.

22) Kondo, Y., Tomihara, K. and Sakuma, Y. : Sensory requirements for noncontact penile erection in the rat. *Behav. Neurosci.,* **113**, 1062-1072, 1999.

23) Kusaka, S., Nagasawa, H., Yamanouchi, K. and Arai, Y. : Induction of male sexual behaviors by administration of testosterone using silastic tubes in castrated male and female rats. *Zool. Sci.,* **6**, 1037-1040, 1989.

24) Larsson, K. : Mating behavior in male rats after cerebral cortex ablation-II Effects of lesions in the frontal lobes compared to lesions in the posterior half of the hemispheres. *J. Exp. Zool.,* **155**, 203-204, 1964.

25) Lephart, E.D.A. : A review of brain aromatase cytochrome p450. *Brain Res. Rev.,* **22**, 1-26m, 1996.

26) Liu, Y.-C., Salamone, J.D. and Sachs, B.D. : Lesions in medial preoptic area and bed nucleus of stria terminalis : differential effects on copulatory behavior and noncontact erection in male rats. *J. Neurosci.,* **17**, 5245-5253, 1997.

27) Maeda, N., Matsuoka, N. and Yamaguchi, I. : Septohippocampal cholinergic pathway and penile erections induced by dopaminergic and cholinergic stimulants. *Brain Res.,* **537**, 163-168, 1990.

28) Malmnas, C.O. : Monoaminergic influence on testosterone-activated copulatory behavior in the castrated male rat. *Acta Physiol. Scand. Suppl.,* **359**, 1-128, 1973.

29) Malmnas, C.O. and Meyerson, B.J. : p-Chlorophenylalanine and copulatory behavior in the male rat. *Nature,* **232**, 398-400, 1971.

30) Malsbury, C. W. : Facilitation of male rat copulatory behavior by electrical stimulation of the

medial preoptic area, *Physiol. Behav.*, **7**, 797-805, 1971.
31) Marson, L., List, M.S. and McKenna, K.E. : Lesions of the nucleus paragigantocellularis alter ex copula penile reflexes. *Brain Res.*, **592**, 187-192, 1992.
32) Marson, L. and McKenna, K.E. : Stimulation of the hypothalamus initiates the urethrogenital reflex in male rats. *Brain Res.*, **638**, 103-108, 1994.
33) Meisel, R.L. and Sachs, B.D. : The physiology of male sexual behavior. In The physiology of reproduction,second ed. vol.2 eds by Knobil, E. and Neill, J.D., Raven, New York, pp. 3-105, 1994.
34) Miura, T., Akimoto, O., Kondo, Y. and Sakuma, Y. : Electromyographic recording of perineal muscles activity during copulatory behavior in the rat. Japan-Korea Joint Meeting of Urology (Tokyo), 1998.
35) 小川鼎三・山田英智・養老孟司：分担解剖学. 3 感覚器学・内臓学. 金原出版, 1982.
36) Power, J.B. and Winans, S.S. : Vomeronasal organ : Critical role in mediating sexual behavior of the male hamster. *Science,* **187**, 961-963, 1975.
37) Sachs, B.D. : Penile erection in response to remote cues from females : albino rats severely impaired relative to pigmented strains. *Physiol. Behav.*, **60**, 803-808, 1996.
38) Sachs, B.D. : Erection evoked in male rats by airborne scent from estrous females. *Physiol. Behav.*, **62**, 921-924, 1997.
39) Sachs, B.D., Akasofu, K., Citron J.H., Daniels, S.B. and Natoli, J.H. : Noncontact stimulation from estrous females evokes penile erection in rats. *Physiol. Behav.*, **55**, 1073-1079, 1994.
40) Saito, T.R. and Moltz, H. : Copulatory behavior of sexually naïve and sexually experienced male

rats following removal of the vomeronasal organ. *Physiol. Behav.,* **37**, 507–510, 1986.

41) Steers, W.D. and de Groat, W.C. : Effects of m-chlorophenylpiperazine on penile and bladder function in rats. *Am. J. Physiol.,* **257**, R1441–R1449, 1989.

42) Stumpf, W.E. and Grant, L.D. : *Anatomical Neuroendocrinology.* Karger, Basel, 1974.

43) Thor, D.H. and Flannelly, K.J. : Social-olfactory experience and initiation of copulation in the virgin male rat. *Physiol. Behav.,* **19**, 411–417, 1977.

44) Verma, S., Chhina, G.S., Kumar, V.M. and Singh, B. : Inhibition of male sexual behavior by serotonin application in the medial preotptic area. *Physiol. Behav.,* **46**, 327–330, 1989.

45) Yamanouchi, K. : Mounting and lordosis behavior in androgen primed ovariectomized rats : Effect of dorsal deafferentation of the preoptic area and hypothalamus. *Endocrinol. Japon.,* **27**, 499–504, 1980.

46) Yamanouchi, K. and Arai, Y. : Possible role of cingulate cortex in regulating sexual behavior in male rats : Effects of lesions and cuts. *Endocrinol Japon.,* **39**, 229–234, 1992.

47) Yamanouchi, K. and kakeyama, M. : Effect of medullary raphe lesions on sexual behavior in male rats with or without treatment of p-chlorophenylalanine. *Physiol. Behav.,* **51**, 575–579, 1992.

2章〔2〕 からだの性分化

1) Balinsky, B. I. : *An Introduction to Embryology,* W.B. Saunders Comp. Philadelphia, London, Toronto, 1970.

2) Corner, G.W. : *The Hormones in Human Reproduction,* Atheneum, New York, 1963.

3) Imperato-McGinley, J., Guerrero, L., Gautier T. and Peterson, R.E. : Steroid 5α-reductase

deficiency in man : an inherited form of male pseudohermaphroditism. *Science,* **186**, 1213-1215, 1974.

4) Koopman, P., et al. : Male development of chromosomally female mice transgenic for Sry. *Nature,* **351**, 117-121, 1991.

5) McLaren, A. : What makes a man a man? *Nature,* **346**, 216-217, 1990.

6) Sinclair, A.H., et al. : A gene from the human sex-determining region encodes a protein with homology to a conserved DNA-binding motif. *Nature,* **346**, 240-244, 1990.

7) Swain, A., et al. : Dax1 antagonizes Sry action in mammalian sex determination. *Nature,* **391**, 761-767, 1998.

8) Rosenblum, I.Y. and Heyner, S. eds. : *Growth Factors in Mammalian Developemnt,* CRC Press, Boca Raton, Florida, 1989.

9) 日本比較内分泌学会編：ホルモンと生殖Ⅰ　性と生殖リズム，学会出版センター，1978.

10) 日本比較内分泌学会編：性分化とホルモン，学会出版センター，1984.

11) ホルモンと臨床，Vol.45, No.1, 特集 性分化に関連する遺伝子の最近の話題，1997.

12) 臨床婦人科産科，Vol.53, No.1, 今月の臨床 性の分化とその異常—どこまで解明されたか，1999.

13) 産科と婦人科，Vol.66, No.8, 特集 性分化をめぐる最近の話題，1999.

14) 実験医学，Vol.17, No.3, 転写因子研究，1999.

2章〔3〕 性行動の性分化

1) Chateau, D. and Aron, C. I. : Heterotypic sexual behavior in male rats afterlesions in differnt amygdaloid nucluei. *Horm. Behav.,* **22**, 379-388, 1988.

2) Clemens, L.G. Gladue, B.A. and Coniglio, L.P. : Prenatal endogenous androgenic influences on masculine sexual behavior and genital morphology in male and female rats. *Horm. Behav.,* **10**, 40–53, 1978.

3) Emery, D.E. and Sachs, B.D. : Ejaculatory pattern in female rats without androgen treatment. *Science,* **190**, 484–486, 1975.

4) Emery, D.E. and Sachs, B.D. : Hormonal and monoaminergic influences on masculinecopulatory behavior in the female rat. *Horm. Behav.,* **7**, 341–352, 1976.

5) Johonson, W.A. : Neonatal andorgenic stimulation and adult sexual behavior in male and female golden hamster, *J. Comp. Physi. Psychol.,* **89**, 433–441, 1975.

6) Kakeyama, M. and Yamanouchi, K. : Lordosis in male rats : The facilitatory effect of mesencephalic dorsal raphe nucleus lesion. *Physiol. Behav.,* **51**, 181–184, 1992.

7) Kakeyama, M. and Yamanouchi, K. : Female sexual behaviors in male rats with dorsal raphe nucleus lesions :Treatment with p-chlorophenylalanine. *Brain Res. Bull.,* **30**, 705–709, 1993.

8) Kakeyama, M. and Yamanouchi, K. : Two types of lordosis inhibiting system in male rats : Dorsal raphe nucleus lesions and septal cuts. *Physiol. Behav.,* **56**, 189–192, 1994.

9) Kakeyama, M. and Yamanouchi, K. : Inhibitory effect of baclofen on lordosis in female and male rats with dorsal raphe nuclues lesion or septal cut. *Neuroendocrinolog,* **63**, 290–296, 1996.

10) Kakeyama, M. and Yamanouchi, K. :Lordosis in male rats :Effect of dorsal raphe nuclues cuts. *Horm. Behav.,* **32**, 60–67, 1997.

11) Kondo, Y., Shinoda, A., Yamanouchi, K. and Arai, Y. :Recovery of lordotic activity by dorsal deafferentation of the preoptic area in male and androgenized female rats. *Physiol. Behav.,* **37**,

495-498, 1986.

12) Kondo, Y., Shinoda, A., Yamanouchi, K. and Arai, Y. : Role of septum and preopticarea in regulating masculine and feminine sexual behavior in male rats. *Horm. Behav.*, **24**, 421-434, 1990.

13) Matsumoto, T. and Yamanouchi, K. : Effects of p-chlorophenylalanine on male sexual behavior in female rats with mesencephalic raphe nulcei lesions. *Endocrine J.*, **44**, 383-388, 1997.

14) Matsumoto, T. and Yamanouchi, K. : Effects of nucleus paragigantocellularis lesions on male sexual behavior in female rats. *Zool. Sci.*, **15**, suppl. p.13, 1998.

15) Matsumoto, T. and Yamanouchi, K. : Effects of perinatal testosterone on noncontact and reflexive penile erections in female rats. 4th In. Cong. Neuroendocrinol. Folia Endocrinol. Jap. 74, 486, 1998.

16) Meyerson, B.J. : Female copulatory behavior in male and androgenized female rats after oestrogen/amine depletor tretment. *Nature*, **217**, 683-684, 1968.

17) Nance, D.M., Shryne, J. and Gorski, R.A. : Septal lesions : Effects on lordosis behavior and pattern of gonadotropin release. *Horm. Behav.*, **5**, 73-81, 1974.

18) Nance, D.W., Christensen, L.W., Shryne, J.E. and Gorski, R.A. : Modifications in gonadotropin control and reproductive behavior in the female rats by hypothalamic and preoptic lesions. *Brain. Res. Bull.*, **2**, 307-312, 1977.

19) Pfaff, D.W. and Zigmond, R.E. : Neonatal androgen effects on sexual and non-sexual behavior of adults rats tested under various hormone regimes. *Neuroendocrinology*, **7**, 129-145, 1971.

20) Rodriguez-Sierra, J.F. and Terasawa, E. : Lesions of the preoptic area facilitate lordosis behav-

ior in male and female guinea pigs. *Brain Res. Bull.,* **4**, 513-517, 1979.

21) Sachs, B. D., Pollak, E. I., Krieger, M. S. and Barfield, R. J. : Sexual behavior : normal male patterning in androgenized female rats. *Science,* **181**, 770-772, 1973.

22) Sakuma, Y. and Pfaff, D.W. : Electrophsiologic determination of projections from ventromddial hypothalamus to midbrain central gray : Difference between female and male rats. *Brain Res.,* **225**, 184-188, 1981.

23) Satou, M. and Yamanouchi, K. : Effect of direct application of estrogen aimed at lateral septum or dorsal raphe nucleus on lordosis behaivor :Regional and sexual differences in rats. *Neuroendocrinology,* **69**, 446-452, 1999.

24) Van de Poll, N.E. and Van Dis, H. : The effect of medial preoptic -anterior hypothalmic lesions on bisexual behavior of the male ras. *Brain Res. Bull.,* **4**, 505-511, 1977.

25) Vreeburg, J.T.M., Van der Vaart, P.D.M. and Van der Schoot, P. : Prevention of central defeminization but not masculinization in male rats by inhibition neonatally of estrogen biosynthesis. *J. Endoc.,* **74**, 375-382, 1977.

26) Whalen, R.E. and Nadler, R.D. : Suppression of the development of female mating behavior by estrogen administereed in infancy. *Science,* **141**, 273-274, 1963.

27) Yamanouchi, K. : Mounting and lordosis behavior in androgen primed ovariectomized rats : Effect of dorsal deafferentation of the preoptic area and hypothalamus. *Endocrinol. Japon.,* **27**, 499-504, 1980.

28) Yamanouchi, K. : Brain mechnanisms inhibiting the expression of heterotypical sexual behavior in rats. In Neural Control of Reproduction-Physiology and Behavior eds by Maeda, K., Tukamu-

ra, H., Yokoyama, A., Jap. Sci. Soc. Press, Tokyo, pp. 219-235, 1997.

29) Yamanouchi, K. and Arai, Y. : Female lordosis pattern in the male rat induced by estrogen and progesterone : Effect of interruption of the dorsal inputs to the preoptic and hypothalamus, *Endocrinol. Japon.*, **22**, 243-246, 1975.

30) Yamanouchi, K. and Arai, Y. : Heterotypical sexual behavior in male rats : Individual difference in lordosis response. *Endocrinol. Japon.*, **23**, 179-182, 1976.

31) Yamanouchi, K. and Arai, Y. : Presence of a neural mechanism for the expression of female sexual behavior in the male rat brain. *Neuroendocrinology,* **40**, 393-397, 1985.

32) Yamashita-Suzuki, K. and Yamanouchi, K. : Inhibitory pathway for female sexual behavior in male rat brain : Effect of medial forebrain bundle (MFB) cuts. *J. Reprod. Develop.*, **44**, 393-398, 1998.

2章〔4〕 脳の性分化

1) Akutsu, S., Takada, M., Ohki-Hamazaki, H. and Arai, Y. : Origin of luteinizing hormone-releasing hormone (LHRH) neurons in the chick embryo : effect of the olfactory placode ablation. *Neurosci. Lett.*, **142**, 241-244, 1991.

2) Allen, L.S., Hines, M., Shryne, J.E. and Gorski, R.A. : Two sexually dimorphic cell groups in the human brain. *J. Neurosci.*, **9**, 497-506, 1989.

3) Allen, L.S., Richey, M.F., Chai, Y.M. and Gorski, R.A. : Sex differences in the corpus callosum of the living human being. *J. Neurosci.*, **11**, 933-942, 1991.

4) Arai, Y. : Synaptic correlates of sexual differentiation, *Neurosci.*, **4**, 291-293, 1981.

5) 新井康允：脳とステロイドホルモン—その歴史的背景，性ステロイドを中心として，神経研究の進歩，**42,** 541-547, 1998.
6) Arai, Y., Sekine, Y. and Murakami, S.: Estrogen and apoptosis in the developing sexually dimorphic preoptic area in femal rats. *Neurosci. Res.,* **25**, 403-407, 1996.
7) Barraclough, C.A.: Production of anovulatory, sterile rats by single injections of testosterone propionate. *Endocrinology,* **68**, 62-67, 1961.
8) Barraclough, C.A. and Gorski, R.A.: Evidence that hypothalamus is responsible for androgen-induced sterility in the female rat. *Endocrinology,* **68**, 68-79, 1961.
9) Breedlove, S.M. and Arnold, A.P.: Sexually dimorphic motor nucleus in the rat lumbar spinal cord : Response to adult hormone manipulation, absence in androgen-insensitive rats. *Brain Res.,* **225**, 297-307, 1981.
10) Forger, N.G. and Breedlove, S.M.: Sexual dimorphism in human and canine spinal cord : Role of early androgen. *Proc. Natl. Acad. Sci. USA,* **83**, 7527-7531, 1986.
11) Canteras, N.S., Simerly, R.B. and Swanson, L.W., Projections of the ventral premammillary nucleus, *J. Comp. Neurol.,* **324**, 195-212, 1992.
12) Crow, T.J., Crow, L.R., Done, D.J. and Leask, S.J.: Relative hand skill predicts academic ability : global deficits of the point of hemispheric indecision. *Neuropsychologia,* **36**, 1275-1282, 1998.
13) Daikoku-Ishido, H., Okamura, Y., Yanaihara, N. and Daikoku, S.: Development of the hypothalamic luteinizing hormone-releasing hormone-containing neuron system in the rat : in vivo and in transplantation studies. *Dev. Biol.,* **140**, 374-387, 1990.
14) Dellovade, T.L., Pfaff, D.W. and Schwanzel-Fukuda, M.: The gonadotropin-releasing hormone

does not develop in small-eye (Sey) mouse phenotype. *Dev. Brain Res.,* **107**, 233–240, 1998.
15) Fishman, R.B., et al. :Evidence for androgen receptors in sexually dimorphic perineal muscles of neonatal male rats. *J. Neurobiol.,* **21**, 694–704, 1990.
16) Forger, N.G., et al. : Ciliary neurotrophic factor maintains motoneurons and their target muscles in developing rats. *J. Neurosci.,* **13**, 4720–4726, 1993.
17) Forger, N.G., et al. : Sexual dimorphism in the spinal cord is absent in mice lacking the ciliary neurotrophic factor receptor. *J. Neurosci.,* **17**, 9605–9612, 1997.
18) Franco, B., Guioli, S., Pragliola, A., Incerti, B., Bardoni, B., Tonlorenzi, R., Carrozzo, R., Maestrini, E., Pieretti, M., Taillon-Miller, P., Brown, C.J., Willard, H.F., Lawrence, C., Persico, M.G., Camerino, G. and Ballabio, A. : A gene deleted in Kallmann's syndrome shares homology with neural cell adhesion and axonal path-finding molecules. *Nature,* **353**, 529–536, 1991.
19) Galea, L.A., McEwen, B.S., Tanapat, P., Deak, T., Spencer, R.L. and Dhabhar, F.S. : Sex differences in dendritic atrophy of CA3 pyramidal neurons in response to chronic restraint stress. *Neuroscience,* **81**, 689–697, 1997.
20) Gorski, R.A., Gordon, J.H., Shryne, J.E. and Southam, A.M. : Evidence for a morphological sex difference within the medial preoptic area of the rat brain. *Brain Res.,* **148**, 333–346, 1978.
21) Gorski, R.A. : Modification of ovulatory mechanisms by postnatal administration of estrogen to the rat, *Amer. J. Physiol.,* **205**, 842–844, 1963.
22) Goy, R.W. and McEwen, B.S. : *Sexual Differentiation of the Brain*. Cambridge, MIT Press, 1980.
23) Harris, G. : Sex hormones, brain development and brain function, *Endocrinology,* **75**, 627–648, 1964.

24) 林編治・横須賀誠・折笠千登世：脳の性分化における性ステロイド受容体の役割、ブレインメディカル，8, 265-271, 1996.

25) Hayashi, S., Yokosuka, M. and Orikasa, C. : Developmental aspects of estrogen receptors in the rat brain. In Neural Control of Reproduction : Physiology and Behavior, eds by Maeda, K., Tsukamura, H., Japan Scientific Societies Press, Tokyo, pp. 135-152, 1997.

26) Heeb, M.M. and Yahr, P. : C-fos immunoreactivity in the sexually dimorphic area of the hypothalamus snd related brain regions of male gerbils after exposure to sex related stimuli or preformance of specific sexual behaviors, *Neuroscience,* **72**, 1049-1071, 1996.

27) Highley, J.R., Esiri, M.M., McDonald, B., Cortina-Borja, M., Herron, B.M. and Crow, T.J. : The size and fibre composition of the corpus callosum with respect to gender and schizophrenia : a post-mortem study. *Brain,* **122**, 99-110, 1999.

28) Kollack-Walker, S. and Newman, S.W. : Mating and agonistic behavior produce different patterns of fos immunolabeling in the male Syrian hamster brain, *Neurosceince,* **66**, 721-736, 1995.

29) Kuiper, G.G., Enmark, E., Pelto-Huikko, M., Nilsson, S. and Gustafsson, J.A. : Cloning of a novel estrogen receptor expressed in rat prostate and ovary. *Proc. Natl. Acad. Sci. USA,* **93**, 5925-5930, 1996.

30) Kuiper, G.G. and Gustafsson, J.A. : The novel estrogen receptor-beta subtype : potential role in the cell- and promoter-specific actions of estrogens and anti-estrogens. *FEBS-Lett.,* **410**, 87-90, 1997.

31) Le Paslier, D., Cohen, D., Caterina, D., Bougueleret, L., Delemarre-Van de Waal, H., Lutfalla, G.,

Weissenbach, J. and Petit, C.. : The candidate gene for the X-linked Kallmann syndrome encode : A protein related to adhesion molecules. *Cell,* **67**, 423-435, 1991.

32) Lubahn, D.B., Moyer, J.S., Golding, T.S., et al. : Alteration of reproductive function but not prenatal sexual development after insertional disruption of the mouse estrogen receptor gene. *Proc. Natl. Acad. Sci. USA,* **90**, 11162-11166, 1993.

33) Legouis, R., Ayer-Le Lievre, C., Leibovici, M., Lapointe, F. and Petit, C. : Expression of the KAL gene in multiple neuronal sites during chicken development. *Proc. Natl. Acad. Sci. USA,* **90**, 2461-2465, 1993.

34) Mannen, T., et al. : The Onuf's nucleus and the external and sphincter muscles in amyotrophic lateral sclerosis and Shy-Drager syndrom. *Acta, Neuropathol.,* **58**, 255-260, 1982.

35) Maruyama, K., Endoh, H., Sasaki-Iwaoka, H., Kanou, H., Shimaya, E., Hashimoto, S., Kato, S. and Kawashima, H. : A novel isoform of rat estrogen receptor beta with 18 amino acid insertion in the ligand binding domain as a putative dominant negative regular of estrogen action. Biochem. *Biophys. Res. Commun.,* **246**, 142-147, 1998.

36) McDonald, P., Beyer, C., Newton, F., Brien, B., Baker, R., Tan, H.S., Sampson, C., Kitching, P., Greenhill, R. and Pritchard, D. : Failure of 5alpha-dihydrotestosterone to initiate sexual behaviour in the castrated male rat, *Nature,* **227**, 964-965, 1970.

37) McDonald, P.G. and Doughty, C. : Comparison of the effect of neonatal administration of testosterone and dihydrotestosterone in the female rat, *J. Reprod. Fertil.,* **30**, 55-62, 1972.

38) McDonald, P.G. and Doughty, C. : Inhibition of androgen-sterilization in the female rat by administration of antioestrogen, *J. Endocrinol.,* **55**, 455-456, 1972.

39) McEwen, B.S., Lieberburg, I., Chaptal, C. and Krey, L.C. : Aromatization : important for sexual differentiation of the neonatal rat brain. *Horm. Behav.*, **9**, 249-263, 1977.

40) McEwen, B.S., Plapinger, L., Chaptal, C., Gerlach, J. and Wallach, G. : Role of fetoneonatal estrogen binding proteins in the associations of estrogen with neonatal brain cell nuclear receptors. *Brain Res.*, **96**, 400-406, 1975.

41) Mizoguchi, K., Kunishita, T., Chui, D.H. and Tabira, T. : Stress induces neuronal death in the hippocampus of castrated rats. *Neurosci. Lett.*, **138**, 157-60, 1992.

42) Murakami, S., Seki, T., Wakabayashi, K. and Arai, Y. : The ontogeny of luteinizing hormone-releasing hormone (LHRH) producing neurons in the chick embryo : possible evidence for migrating LHRH neurons form the olfactory epithelium expressing a highly polysialylated neural cell adhesion molecule. *Neurosci. Res.*, **12**, 421-431, 1991.

43) Murakami, S., Kikuyama, S. and Arai, Y. : The origin of the luteinizing hormone-releasing hormone (LHRH) neurons in newts (Cynops pyrrhogaster) : the effect of olfactory placode ablation. *Cell Tissue Res.*, **269**, 21-27, 1992.

44) Murakami, S. and Arai, Y. : Direct evidence for the migration of LHRH neurons from th enasal region to the forebrain in the chick embryo : a carbocyanine dye analysis. *Neurosci. Res.*, **19**, 331-338, 1994.

45) Murakami, S., Seki, T., Rutishauser, U. and Arai, Y. : Enzymatic removal of polysialic acid from NCAM pertubs the migration route of LHRH neurons in the developing chick forebrain. *J. Comp. Neurol.*, **420**, 171-181, 2000.

46) Naftolin, F., Ryan, K.J. and Petro, Z. : Aromatization of androstenedione by diencephalon. *J.*

Clin. Endocrinol. Metabol., **33**, 368-370, 1971.
47) Naftolin, F., Ryan, K.J., Davies, I.J., Reddy, V.V., Flores, F., Petro, Z., Kuhn, M., White, R.J., Takaoka, Y. and Wolin, L. : The formation of estrogens by central neuroendocrine tissue. *Recent Prog. Horm. Res.,* **31**, 295-319, 1975.
48) Nordeen, E.J., et al. : Androgens prevent normally occurring cell death in a sexually dimorphic spinal nucleus. *Science,* **229**, 671-673, 1985.
49) Nottebohm, F. and Arnold, A.P. : Sexual dimorphism in vocal control areas of the songbird brain. *Science,* **194**, 211-213, 1976.
50) Ogawa, S., Lubahn, D.B., Korach, K.S. and Pfaff, D.W. : Behavioral effects of estrogen receptor gene disruption in male mice. *Proc. Natl. Acad. Sci., USA.,* **94**, 1476-1481, 1997.
51) Orikasa, C., McEwen, B.S., Hayashi, H., Sakuma, Y. and Hayashi, S. : Estrogen receptor alpha, but not beta is expressed in the interneurons of the hippocampus in prepubertal rats : an in situ hybridization study. *Dev. Brain. Res.,* **120**, 245-254, 2000.
52) Parhar, I.S., Iwata, M., Pfaff, D.W. and Schwanzel-Fukuda, M. : Embryonic development of gonadotropin-releasing hormone neurons in the sockeye salmon. *J. Comp. Neurol.,* **362**, 256-270, 1995.
53) Patisaul, H.B., Whitten, P.L. and Young, L.J. : Regulation of estrogen receptor beta mRNA in the brain : opposite effects of 17b-estradiol and the phytoestrogen, coumestrol. *Molecular Brain Res.,* **67**, 165-171, 1999.
54) Peach, K., Webb, P., Kuiper, G.G.J.M., Nilsson, A., Gustafsson, J.A., Kushner, P.J. and Scanlan, T.S. : Differential ligand activation of estrogen receptors ERα and ERβ at AP1 site. *Science,*

277, 1508–1510, 1997.

55) Pfeiffer, C.A. : Sexual differences of the hypophyses and their determination by the gonads. *Am. J. Anat.,* **58**, 195–226, 1936.

56) Ronnenkleiv, O.K. and Resco, J.A. : Ontogeny of gonadotropin-releasing hormone-containing neurons in early fetal development of rhesus macaques. *Endcrinology,* **126**, 498–511, 1990.

57) Rugarli, E.I., Lutz, B., Kuratani, S.C., Wawersik, S., Borsani, G., Ballabio, A. and Eichele, G. : Expression pattern of the Kallmann syndrome gene in the olfactory system suggests a role in neuronal targeting. *Nat. Genet.,* **4**, 19–26, 1993.

58) Schwanzel-Fukuda, M. and Pfaff, D.W. : Origin of luteinizing hormone-releasing hormone neurons. *Nature,* **338**, 161–164, 1989.

59) Schwanzel-Fukuda, M., Bick, M. and Pfaff, D.W. : Luteinizing hormone-releasing hormone (LHRH)-expressing cell do not migrate normally in an inherited hypogonadal (Kallmann) syndrome. *Mol Brain Res.,* **6**, 311–326, 1989.

60) Schwanzel-Fukuda, M.,Crossin, K.L., Pfaff, D.W., Bouloux, P.M.G., Hardelin, J.P. and Petit, C. : Migration of luteinizing hormone-releasing hormone (LHRH) neurons in early human embryos. *J. Comp. Neurol.,* **366**, 547–557, 1996.

61) Seki, T. and Arai, Y. : Distribution and possible role of the highly polysialylated neural cell adhesion molecule (NCAM-H) in developing and adult central nervous system. *Neurosci. Res.,* **17**, 265–290, 1993.

62) Swaab, D.F. and Fliers, E. : A sexually dimorphic nucleus in the human brain. *Science,* **228**, 1112–1115, 1985.

63) Swaab, D.F. and Hofman, M.A. : Sexual differentiation of the human hypothalamus in relation to gender and sexual orientation. *Trends Neurosci.,* **18**, 264-270, 1995.

64) Takasugi, N. : Einfluesse von Androgen und Oestrogen auf die Ovarien der neugeborenen und reifen, weiblichen Ratten. *Annot. Zool Japon,* **25**, 120-127, 1952.

65) Tarozzo, G., Peretto, P. and Fasolo, A. : Cell migration from the olfactory placode and the ontogeny of the neuroendocrine compartments. *Zool Sci.,* **12**, 367-383, 1995.

66) Tobet, S., Chickering, T.W., King, J.C., Stopa, E.G., Kim, V., Kuo-Leblank and Schwarting, G.A. : Expression of γ-amynobutyric acid and gonadotropin-releasing hormone during neuronal migration through the olfactory ststem. *Endcrinology,* **137**, 5415-5420, 1996.

67) van den Berg, M.J., ter Horst, G.J. and Koolhaas, J.M. : The nucleus premammillaris ventralis (pmv) and aggressive behavior in the rat. *Aggressive Behavior,* **9**, 41-47, 1983.

68) Verney, C., el Amraoui, A. and Zecevic, N. : Comigration of tyrosine hydroxylase- and gonadotropin-releasing hormone- immunoreactive neurons in the nasal area of human embryos. *Dev. Brain Res.,* **97**, 251-259, 1996.

69) Weiland, N.G., Orikasa, C., Hayashi, S. and McEwen, B.S. : Distribution and hormone regulation of estrogen receptor immunoreactive cells in the hippocampus of male and female rats. *J. Comp. Neurol.,* **388**, 603-612, 1997.

70) Wersinger, S.R., Sannen, K., Villalba, C., Lubahn, D.B., Rissman, E.F. and de Vries, G.J. : Masculine sexual behavior is disrupted in male and female mice lacking a functional estrogen receptor alpha gene. *Horm Behav.,* **32**, 176-83, 1997.

71) Wray, S., Grant, P. and Gainer, H. : Evidence that cells expressing luteinizing hormone-releasing

hormone mRNA in the mouse are derived from progenitor cells in the olfactory placode. *Proc. Natl. Acad. Sci. USA,* **86**, 8132-8136, 1989.
72) Xu, J. and Forger, N.G. : Expression and androgen regulation of the ciliary neurotrophic factor receptor (CNTFR) in muscles and spinal cord. *J. Neurobiol.,* **35**, 217-225, 1998.
73) Yazaki, I. : Further studies on endocrine activity of subcutaneous ovarian grafts in the male rats by daily examination of smears from vaginal grafts. *Annot. Zool Japon,* **33**, 217-225, 1960.
74) 横須賀誠・林績治：脳の性分化，脳と精神の医学，**5**，401-410，1994.
75) Yokosuka, M., Okamura, H. and Hayashi, S. : Postnatal development and sex difference in neurons containing estrogen receptor-alpha immunoreactivity in the preoptic brain, the diencephalon and the amygdala in the rat. *J. Comp. Neurol.,* **389**, 81-93, 1997.
76) Yokosuka, M., Prins, G.S. and Hayashi, S. : Colocalization of androgen receptor and nitric oxide synthase in the ventral premammillary nucleus of the newborn rats : An immunohistochemical study. *Dev. Brain Res.,* **99**, 226-233, 1997.
77) Yoshida, K., Rutishauser, U., Crandall, J.E. and Schwarting, G.A. : Polysialic acid facilitates migration of luteinizing hormone-releasing hormone neurons on vomeronasal axons. *J. Neurosci.,* **19**, 794-801, 1999.

3章　ヒトの性機能

1) 阿部輝夫：心因性インポテンスの治療—特にノン・エレクト法．*IMPOTENCE,* **10**，245-259，1995.
2) 阿部輝男：性同一性障害関連疾患191例の臨床報告，臨床精神医学，国際医書出版，**28**(4)，373-381，1999.

3) American Psychiatric Association, Diagnostic and statistical manual of mental disorders DSM-IV. 532-538, 1994.
4) Anderson, K.E. and Wagner, G. : Physiology of penile erection. *Physiol. Rev.,* **75**, 191-236, 1995.
5) Bagatell, C.J., Heiman, J.R., Rivier, J.E. and Bremner, W.J. : Effects of endogenous testosterone and oestradiol on sexual behavior in normal young men. *J. Clin. Endocrinol. Metab.,* **78**, 711-716, 1994.
6) Berman, J.R., Berman, L. and Goldstein, I. : Female sexual dysfunction : incidence, pathophysiology, evaluation, and treatment option. *Urology,* **54**, 385-391, 1999.
7) Feldman, H.A., Goldstein, I., Hatzichristou, D.G., Krane, R.J. and Mckinlay, J.B. : Impotence and its medical and psychosocial correlates : results of the Massachusetts male aging study. *J. Urol.,* **151**, 54-61, 1994.
8) 今川章夫，他：インポテンスの定義と分類についての提案． 臨床内分泌，**39**, 789-791, 1985.
9) 石原理，木下勝之：性同一性障害について，産科と婦人科，診断と治療社，8(45), 1061-1067, 1999.
10) 石井延久，他：男性インポテンスに関する研究（18報）一器質的インポテンスのプロスタグランディンE1による治療の試み．日泌尿会誌，**77**, 954-962, 1986.
11) 熊本悦明：加齢による男子性機能低下．日老年医会誌，**29,** 350-360, 1992.
12) 熊本悦明，他：Effects of anti-androgen on sexual function ; Double blind study on allylestorenol and chlormadinone acetate, I and II. Hinyoukika Kiyo, **36**, 213-44, 1990.
13) 熊本悦明，佐藤嘉一：日本女性の性機能の推移．産婦人科治療，**69**, 378-381, 1994.
14) Laumann, E.O., Paik, A. and Rosen, R.C. : Sexual dysfunction in the United States, prevalence

and predictor. *JAMA*, **281**, 537-544, 1999.

15) 丸茂　健：プロステーシス陰茎海綿体移植療法. *IMPOTENCE*, **10**, 267-272, 1995.

16) Morales, A., et al.: Clinical safety of oral sildenafil citrate (VIAGRA) in the treatment of erectile dysfunction. *Int. J. Imp. Res.*, **10**, 69-74, 1998.

17) 日本精神神経学会「性同一性障害に関する特別委員会」：性同一性障害に関する 答申と提言. 日本精神神経学会雑誌, **99**, 533-540, 1997.

18) Pearce, M.J. and Hawton, K.: Psychological and sexual aspects of menoposal and HRT. *Baillieres Clin. Obstet. Gynaecol.*, **10**, 385-399, 1996.

19) Schiavi, F.C., White, D., Mordeli, J. and Levine, A.C.: Effects of testosterone administratuion on sexual behavior and mood in men with erectile dysfunction. *Arch. Sex. Behav.*, **26**, 231-241, 1997.

20) Virag, R.: Intracavernous injection of papaverine for erectile failure [letter]. *Lancet.*, **2**, 938, 1982.

21) 和田英樹, 他：Vacuum constriction device (VCD) の臨床応用上の問題点の検討. *IMPOTENCE*, **9**, 23-27, 1994.

索　　引

―― 編著者略歴 ――

山内　兄人（やまのうち　これひと）

1971年　早稲田大学教育学部理学科生物専修卒業
1972年　順天堂大学医学部第二解剖学教室助手
1980年　医学博士（順天堂大学）
1987年　早稲田大学人間科学部助教授
1992年　早稲田大学人間科学部教授
2000年　早稲田大学人間総合研究センター所長兼任
現在に至る

新井　康允（あらい　やすまさ）

1959年　東京大学理学部生物学科卒業
1964年　東京大学大学院博士課程修了（内分泌学専攻）
理学博士（東京大学）
1970年　順天堂大学医学部助教授
1974年　順天堂大学医学部教授
1999年　人間総合科学大学人間科学部教授
現在に至る

性を司る脳とホルモン

2001年2月15日　初版第1刷発行

検印省略

監　　修　早稲田大学人間総合研究センター
編 著 者　山　内　兄　人
東京都日野市南平2-36-23
新　井　康　允
横浜市鶴見区東寺尾北台15-23
発 行 者　株式会社　コロナ社
代表者　牛来辰巳
印 刷 所　新日本印刷株式会社

112-0011　東京都文京区千石4-46-10
発行所　株式会社　**コ　ロ　ナ　社**
CORONA PUBLISHING CO., LTD.
Tokyo　Japan
振替00140-8-14844・電話(03)3941-3131(代)
ホームページ　http://www.coronasha.co.jp

ISBN4-339-07831-X　　（青田）　（製本：愛千製本所）
Printed in Japan